Inhaltsverzeichnis

Sachaufgaben mit Gleichungen lösen (1)

(1) Petra kauft von ihrem Geburtstagsgeld zwei Taschenbücher zu je 6,90 € und zwei gleich teure CDs. Sie bezahlt insgesamt 43,80 €. Wie viel kostet eine CD?

2 · ______ + 2 x =

Antwort: ______________________________

(2) Tobias kauft 4 Hefte zu je 0,60 € und 6 Buchumschläge. Er bezahlt dafür 9,60 €. Wie teuer ist ein Buchumschlag?

Antwort: ______________________________

(3) Auf dem Wochenmarkt kostet 1 kg Äpfel 1,20 €. Mutter kauft 3 kg Äpfel und 2 kg Birnen. Sie bezahlt dafür 7,40 €. Wie teuer ist 1 kg Birnen?

Antwort: ______________________________

(4) Der Eintritt ins Hallenbad kostet für Erwachsene doppelt so viel wie für Kinder. Der Eintritt für die Eltern und drei Kinder beträgt insgesamt 28 €. Wie viel kostet der Eintritt für Erwachsene, wie viel für Kinder?

Eintritt Kind: x

Eintritt Erwachsener: ____

Antwort: ____

(5) Vater geht mit seinen zwei Kindern ins Kino. Die Karte für Erwachsene ist 2 € teurer als die für Kinder. Er bezahlt insgesamt 17 €.
Wie viel kostet der Eintritt für Erwachsene, wie viel für Kinder?

Eintritt Kind: ____

Eintritt Erwachsener: ____

Antwort: ____

6 Zum Spiel des FC Torhausen geht Vater mit seinen drei Söhnen Lars (16 Jahre), Klaus (12 Jahre) und Sebastian (13 Jahre). Der Eintrittspreis für Kinder beträgt die Hälfte des Erwachsenenpreises. Jugendliche ab 14 Jahren zahlen 3 € weniger als Erwachsene. Vater bezahlt insgesamt 21 €.
Wie teuer ist der Eintritt für jeden?

Eintritt Kind: ____

Eintritt Erwachsener: ____

Eintritt Jugendlicher: ____

Antwort: ____

1 Die Albert-Schweitzer-Schule beantragte eine Verkehrszählung an der Schulstraße. An 5 Schultagen wurden jeweils zwischen 7 Uhr und 14 Uhr alle Autos (PKW) und Lastwagen (LKW) gezählt. Wie viele Fahrzeuge fuhren durchschnittlich in einer Stunde durch die Schulstraße?

	PKW	LKW
1. Tag	2 578	285
2. Tag	1 964	293
3. Tag	2 197	331
4. Tag	1 983	298
5. Tag	2 363	322

Lies genau.

Wonach ist gefragt?

Kreuze an:

- ☐ Anzahl der LKW insgesamt
- ☐ Durchschnittliche Anzahl der PKW pro Stunde
- ☐ Durchschnittliche Anzahl der Fahrzeuge pro Stunde

Was ist wichtig?

Schreibe auf:

Verkehrszählung an 1 Tag: ____ Stunden

Verkehrszählung an 5 Tagen: ____ Stunden

Betrachte die Tabelle.

Denk daran:
Wenn du den Durchschnitt ausrechnen willst, musst du zuerst die Gesamtzahl berechnen und diese dann durch …

Plane deine Lösung.

Was musst du ausrechnen?
Färbe die richtigen Begriffe.

Summe aller Fahrzeuge pro Tag	Summe aller Fahrzeuge an 5 Tagen	Dauer der Verkehrs-zählung in h	Durchschnittliche Anzahl der Fahr-zeuge pro h	Durchschnittliche Anzahl der Fahr-zeuge pro Tag

Rechne. Runde auf ganze Zahlen.

Antwort:

Kontrolliere. Kann das Ergebnis stimmen?
Vergleiche deine Antwort mit der Frage.

2 Nachdem die Schulstraße für den Durchgangsverkehr gesperrt worden war, wurde erneut eine Verkehrszählung (5 Schultage, jeweils von 7 Uhr bis 14 Uhr) durchgeführt. Im Durchschnitt wurden nun $\frac{3}{4}$ weniger Fahrzeuge pro Stunde notiert als bei der ersten Verkehrszählung.
Wie viele Fahrzeuge wurden in diesen 5 Tagen insgesamt gezählt?

Antwort:

Zahlenrätsel mit römischen Zahlen

Wenn du dir bei den römischen Zahlen nicht sicher bist, dann schau nach.

Lege jeweils ein Streichholz so um, dass die Rechnung stimmt.

1 a) XI : III = III

b) XX : VIII = III

c) XVII : V = IV

d) XII : III = V

e) XV : II = IV

f) XII : VI = III

g) II · VI = VIII

2 Findest du hier 2 Lösungen?

XIX : V = V

XIX : V = V

3 Findest du hier die 4 Lösungen?

XI + V = XIV

XI + V = XIV

XI + V = XIV

XI + V = XIV

1 Ich denke mir eine Zahl, multipliziere sie mit 24 und subtrahiere dann das 21-Fache meiner Zahl. Das Ergebnis ist 18.

Wie heißt meine Zahl? ____________

2 Ich denke mir eine Zahl, multipliziere sie mit dem 7. Teil von 231 und subtrahiere dann das 30-Fache meiner Zahl. Das Ergebnis ist 15.

Wie heißt meine Zahl? ____________

3 Ich denke mir eine Zahl, multipliziere sie mit 4 und erhalte die größte fünfstellige gerade Zahl, die aus 5 verschiedenen Ziffern besteht.

Wie heißt meine Zahl? ____________

4 Meine Zahl ist der 5. Teil der kleinsten fünfstelligen ungeraden Zahl, die aus 5 verschiedenen Ziffern besteht.

Wie heißt meine Zahl? ____________

1 **Notiere jeweils die passende Größeneinheit.**

t – kg – g – mg

km – m – cm – mm

Tage – h – min – s

m^3 – hl – l – ml

km^2 – ha – m^2

Fläche eines Zimmers	______	Länge eines Fußballfeldes	______
Wegstrecke nach Hamburg	______	Gewicht eines Butterstückes	______
Dauer eines 70-m-Laufes	______	Länge eines Rechenkaros	______
Inhalt einer Babyflasche	______	Inhalt eines Swimmingpools	______
Zuladung eines Autos	______	Fläche des Bodensees	______
Schlafdauer	______	Gewicht eines LKW	______
Länge eines Schulheftes	______	Inhalt eines Planschbeckens	______
Inhalt eines Weinfasses	______	Wirkstoffmenge einer Tablette	______
Fläche eines Ackers	______	Dauer einer Nachrichtensendung	______
Dauer einer Schulwoche	______		

2 Herr Schlau soll für seinen Sohn ein Fußballfeld (30 m lang, 15 m breit) ausmessen. Als er sein Metermaß sucht, fällt sein Blick auf ein Schulheft. Er denkt: „So ein Heft ist 30 cm lang. Wenn ich nun mein Metermaß nicht finde …“ Wie viele Hefte müsste Herr Schlau aneinanderlegen, damit er die 30 m Länge erreicht?

Antwort: ______________________________

3 a) Die 3-jährige Fritzi möchte mit ihrer Babyflasche (Inhalt 250 ml) ihr Planschbecken (Inhalt 100 l) füllen. Wie oft müsste sie ihre Flasche füllen, damit ihr das gelingt?

Antwort: ______________________________

b) Der Weg zum Wasserhahn, das Füllen der Flasche und der Rückweg zum Planschbecken dauern insgesamt 3 Minuten. Wie lange wäre Fritzi mit dem Füllen des Planschbeckens beschäftigt?

Antwort: ______________________________

4 a) Frau Schmalz fährt in die Molkerei zum Großeinkauf. Sie kann in den Kofferraum ihres Autos (Volumen 400 l) 320 kg zuladen. Wie viele 250-g-Stücke Butter könnte sie mitnehmen?

Antwort: ______________________________

b) Hätten alle diese Butterstücke Platz, wenn ein Butterstück die Maße 10 cm mal 7 cm mal 3,5 cm hat?

Antwort: ______________________________

5 Frau Hellwach schläft nachts im Durchschnitt 6 Stunden. Abends sieht sie sich gerne ihre Lieblingsserie auf DVD an. Eine Folge davon dauert 45 Minuten. Wie viele Folgen ihrer Lieblingsserie könnte Frau Hellwach ansehen, wenn sie eine Nacht lang auf Schlaf verzichten würde?

Antwort: ______________________________

Mein Tipp: Lies dir die Aussagen immer wieder durch und trage ein, was du sicher weißt.

Beim Radrennen

Male Helme, Räder und Trikots in den richtigen Farben an und ergänze die Namen.

- Der erste Radler trägt nicht das braune Trikot und hat nicht das grüne Rad.
- Der Radler mit dem roten Trikot trägt einen gelben Helm und heißt nicht Ben.
- Der Radler, der ganz hinten fährt, hat einen grünen Helm und heißt nicht Sven.
- Max trägt nicht das braune Trikot und nicht den schwarzen Helm. Er fährt ein schwarzes Rad.
- Das weiße Rad gehört zum Fahrer mit dem blauen Trikot und liegt hinten.

In der Schule

Male Bücher und T-Shirts in den richtigen Farben an und beschrifte die Bücher und Namensschilder.

- Anne sitzt nicht in der Mitte. Sie trägt ein rotes T-Shirt und hat ein braunes Buch vor sich.
- Sabine sitzt neben Anne, trägt nicht das gelbe T-Shirt und hat nicht das Mathebuch (M) vor sich.
- Sarah siehst du nicht links im Bild. Sie hat nicht das Deutschbuch (D) vor sich.
- Das Englischbuch (E) ist nicht blau und liegt nicht vor der Schülerin mit dem weißen T-Shirt.
- Das Deutschbuch ist nicht grün, das Mathebuch nicht braun.

1 Beschrifte das Koordinatensystem vollständig und trage die Punkte ein.

A (1 I 0) B (4 I 0) C (4 I 6) E (1 I 10) F (2 I 8)

G (3 I 10) H (2 I 12) I (9 I 1) K (13 I 5)

2 Die Punkte A, B und C sind Eckpunkte eines Rechtecks.

Gib die Koordinaten des vierten Eckpunktes D an. D (___ I ___)

3 Spiegle A und D an der Spiegelachse BC.

a) Gib die Koordinaten von A' und D' an. A' (___ I ___) D' (___ I ___)

b) Welches besondere Viereck ist AA'DD'? ______________________

4 Welches besondere Viereck ist EFGH? ______________________

5 Verschiebe EFGH so (Parallelverschiebung), dass G auf G' (6 I 12) zu liegen kommt.

a) Gib die Koordinaten von E', F' und H' an.

E' (___ I ___) F' (___ I ___) H' (___ I ___)

b) Nach welcher Vorschrift wurde verschoben?

___ cm nach ____________ und ___ cm nach ____________

6 I und K sind gegenüberliegende Eckpunkte eines Quadrates IJKL.

Gib die Koordinaten der anderen beiden Eckpunkte an.

J (___ I ___) L (___ I ___)

7 Verschiebe im Quadrat IJKL den Punkt K um 1 cm nach rechts und 1 cm nach oben.

a) Gib die Koordinaten von K' an. K' (___ I ___)

b) Welche Figur IJK'L entsteht? Kreuze an.

☐ Trapez ☐ Rechteck ☐ Drachenviereck ☐ Parallelogramm

8 **Verschiebe im Quadrat IJKL den Punkt I um 1 cm nach links.**

a) Gib die Koordinaten von I' an.

I' (____ I ____)

b) Welche Figur I'JKL entsteht? Kreuze an.

☐ gleichschenkliges Trapez ☐ rechtwinkliges Trapez ☐ Raute

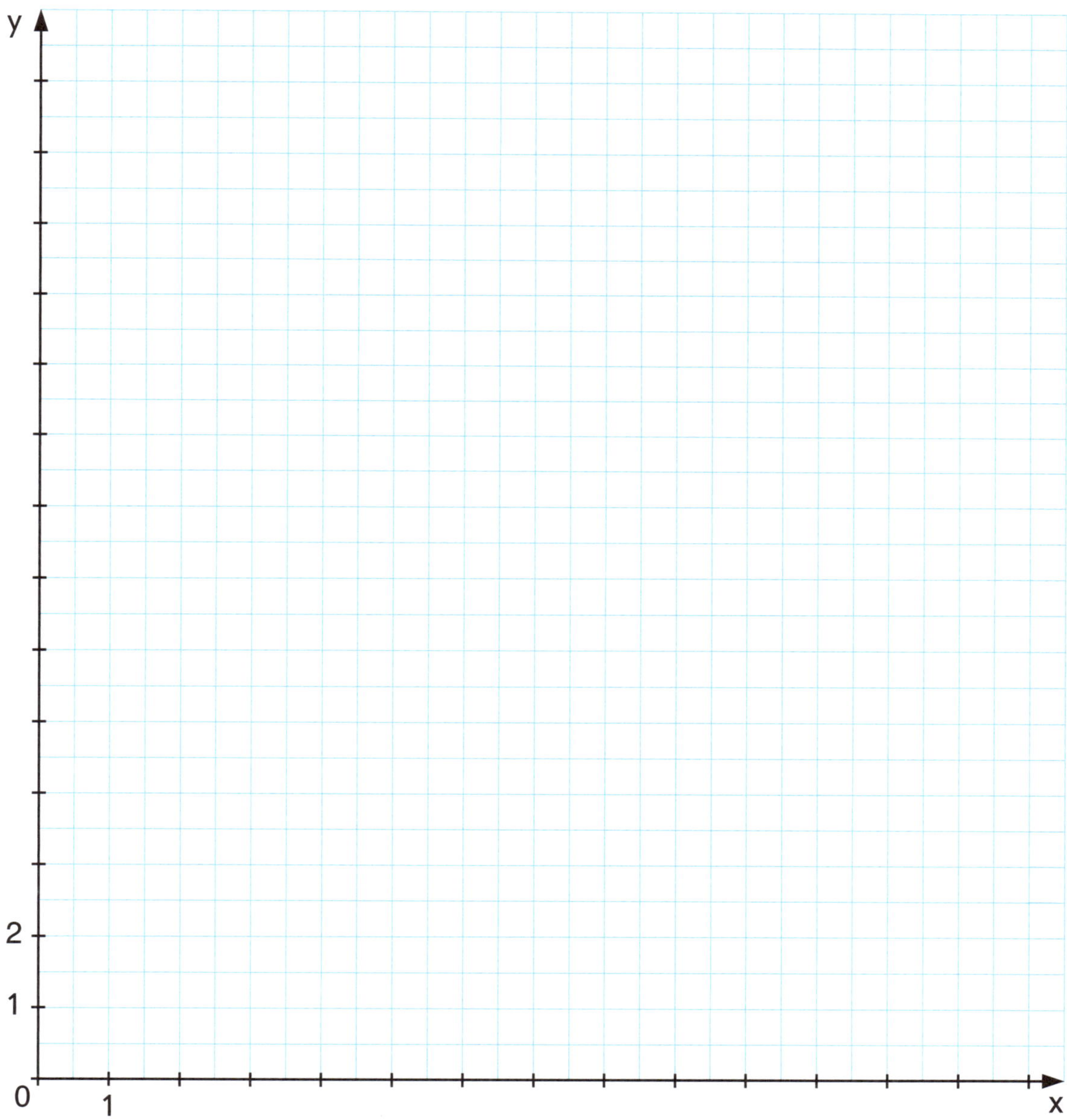

1 Berechne die Bruchteile.

a) $\frac{1}{6}$ von 300 kg $\frac{1}{6} \cdot 300\ \text{kg} =$

$\frac{2}{6}$ von 300 kg

$\frac{5}{6}$ von 300 kg

$\frac{4}{6}$ von 300 kg

b) $\frac{3}{5}$ von 150 cm

$\frac{8}{9}$ von 630 €

$\frac{3}{4}$ von 320 m^2

$\frac{5}{8}$ von 48 h

2 Berechne die Bruchteile. Wandle um, wenn nötig.

a) $\frac{1}{3}$ von 1 h

$\frac{1}{5}$ von 1 h

$\frac{1}{6}$ von 2 h

$\frac{3}{4}$ von 3 h

b) $\frac{3}{5}$ von 4 m

$\frac{2}{6}$ von 3 m^3

$\frac{4}{9}$ von 270 km

$\frac{6}{10}$ von 5 t

3 **Familie Rasch plant, mit dem Auto in den Urlaub zu fahren.**

a) Das zulässige Gesamtgewicht des Autos beträgt 1 980 kg. Herr Rasch hat errechnet, dass die Familie $\frac{1}{6}$ davon als Gepäck zuladen kann. Wie viel darf das Gepäck höchstens wiegen?

Antwort: ______________________________

b) Die Familie will um 6 Uhr losfahren und erwartet, dass sie gegen 16.30 Uhr am Ziel ankommen wird. $\frac{2}{9}$ der Gesamtreisezeit werden für Pausen eingeplant. Für wie viele Stunden und Minuten wird die Fahrt unterbrochen?

Antwort: ______________________________

c) 150 € plant Familie Rasch für die Benzinkosten der Reise ein. Das ist $\frac{1}{12}$ der geplanten Gesamtausgaben. Mit welchen Gesamtausgaben rechnet die Familie?

Antwort: ______________________________

d) Im Katalog steht, dass das Hotel über 3 Swimmingpools mit insgesamt 1 400 m^3 Wasser verfügt. Der größte Pool fasst $\frac{4}{7}$ der Gesamtmenge, in den mittleren Pool passt nur halb so viel Wasser wie in den größten. Wie viel m^3 Wasser fassen die einzelnen Swimmingpools?

Antwort: ______________________________

____

Bringe die Brüche jeweils auf einen gemeinsamen Nenner!

1 Die beiden Jung-Kängurus Jumpi und Wide machen einen Weitsprungwettkampf. Jumpi schafft $\frac{5}{6}$ einer Kängurumeile, Wide springt $\frac{7}{9}$ einer Kängurumeile. Wer springt weiter?

Antwort: ______________________________

2 Die Brüder Kai und Uwe streichen den Rumpf ihres alten Schiffes. Kai streicht die Backbordseite und hat schon $\frac{5}{12}$ der Seite geschafft. Uwe bearbeitet die Steuerbordseite, $\frac{7}{16}$ hat er schon fertiggestrichen. Wer von beiden hat bisher den größeren Teil geschafft?

Antwort: ______________________________

3 Die Klasse 6 a hat 28 Schülerinnen und Schüler. 20 von ihnen spielen ein Musikinstrument. In der Klasse 6 b spielen 16 Kinder ein Instrument. Die Klasse 6 b hat aber nur 24 Schülerinnen und Schüler.
In welcher Klasse ist der Anteil der Musikanten höher?

Antwort: ______________________________

4 Drei Schnecken waren gleichzeitig Richtung Salatkopf gestartet. Nun hat Slimy von 80 cm bereits 50 cm zurückgelegt, Speedy hat 28 cm von 49 cm geschafft und Flash hat von seinen 72 cm schon $\frac{3}{4}$ hinter sich.
Wer kommt zuerst am Salatkopf an, wenn alle drei ihr Tempo beibehalten?

Antwort: ______________________________

Welche Zahlen verstecken sich hinter den Bildern?

(1) Sarah und ihre Freundinnen mischten in einem Krug 0,4 l Apfelsaft, $\frac{1}{4}$ l Kirschsaft, $\frac{1}{8}$ l Himbeersirup, $\frac{1}{5}$ l Traubensaft, 25 ml frisch gepressten Zitronensaft und Mineralwasser.
Wie viel Mineralwasser hatten sie dazugegeben, wenn sie 6 Gläser mit je 250 ml Mixgetränk füllen konnten?

Lies genau.

Wonach ist gefragt?

Kreuze an:

- ☐ Menge des Mixgetränks insgesamt (l, ml)
- ☐ Inhalt eines Trinkglases (ml)
- ☐ Menge Mineralwasser (l, ml)

Was ist wichtig?

Schreibe auf:

0,4 l Apfelsaft = 400 ml

$\frac{1}{4}$ l Kirschsaft =

____

____

____

Inhalt eines Trinkglases:

Anzahl der gefüllten Gläser:

Denk daran:
Damit du rechnen kannst, müssen alle Angaben einheitlich sein, also:
- entweder nur gleichnamige Brüche
- oder nur Dezimalbrüche
- oder nur ganze Zahlen (ml)

Plane deine Lösung.

Was musst du ausrechnen?
Färbe die richtigen Begriffe.

Gesamtmenge (l, ml)	Anzahl der gefüllten Gläser	Fruchtsäfte ohne Mineralwasser (l, ml)	Menge Mineralwasser (l, ml)

Finde deinen Lösungsweg:

Gesamtterm? 6 · 250 ml – (…
Oder in Schritten? Zuerst die Gesamtmenge berechnen, …
Oder Gleichung? x + 400 ml + …

Rechne.

Antwort: ______________________________

Kontrolliere.

Kann das Ergebnis stimmen?
Vergleiche deine Antwort mit der Frage.

(2) Die Mädchen möchten das Fruchtsaftgetränk auch bei ihrem Klassenfest anbieten.
Wie viel von den einzelnen Zutaten benötigen sie, um 30 Becher mit je 150 ml Mixgetränk füllen zu können?

Antwort: ______________________________

____

____

1 Setze die Angaben sinnvoll in den Text ein.

Die Hälfte	1 l	$\frac{3}{8}$	560 kg	150
12	5 Tagen	23 kg	8 Stunden	32 000 l

In einer Getränkefabrik wird an ______________ in der Woche Limonade hergestellt. ______________ Arbeiter verteilen sich gleichmäßig auf drei Schichten zu je ______________ Arbeitszeit. In einer Stunde werden ______________ Limonade produziert. ______________ davon ist Zitronenlimonade, ______________ sind Orangenlimonade und der Rest sind Mixgetränke. Alles wird in PET-Flaschen zu je ______________ abgefüllt. ______________ Flaschen kommen in eine Getränkekiste. 40 Kisten werden auf eine Palette gestellt, die dann ______________ wiegt. Auf einen LKW der Firma passen 34 Paletten. Eine leere Palette wiegt ______________.

2 Rechne und antworte.

a) Wie viele Liter Limonade werden an einem Tag (24 Stunden) hergestellt?

Antwort: ____

b) Wie viele Kisten sind das? Wie viele Paletten sind das?

Antwort: ____

c) Wie viele Liter davon sind Zitronenlimonade, wie viele Orangenlimonade?

Antwort: ______________________________

d) Wie groß ist der Anteil der Mixgetränke? Gib den Anteil als Bruchzahl an.

Antwort: ______________________________

e) Wie viele Getränkekisten passen auf einen LKW?

Antwort: ______________________________

f) Wie viele LKW werden für den Transport einer Tagesproduktion ungefähr benötigt?

Antwort: ______________________________

g) Wie viele Kilogramm wiegt die Ladung eines vollen LKW?

Antwort: ______________________________

h) Wie viel wiegt eine LKW-Ladung Leergut ohne Paletten?

Antwort: ______________________________

i) Wie lange dauert es, 1 Million Liter Limonade zu produzieren? Runde auf volle Stunden.

Antwort: ______________________________

Mein Tipp:
Fertige immer eine Skizze an, beschrifte sie und benenne die unbekannte Seite mit x. Stelle dann die Gleichung auf und rechne.

1 Ein Dreieck hat einen Umfang von 55 cm. Die erste Seite (a) ist 16 cm lang, die zweite Seite (b) ist 3 cm länger als die erste.
Wie lang ist die dritte Seite (c)?

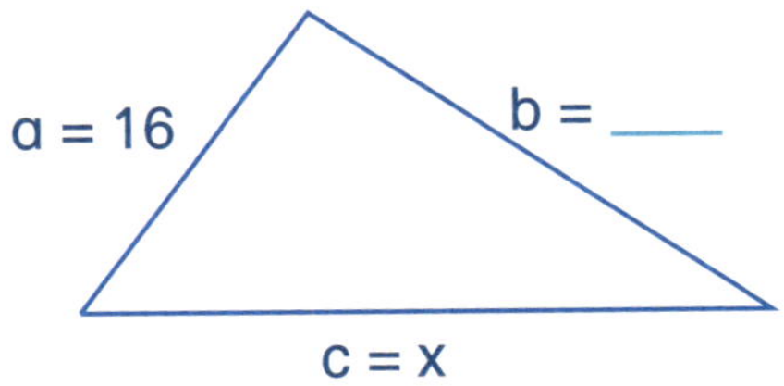

Antwort: ______________________________

2 Ein Grundstück hat die Form eines unregelmäßigen Vierecks. Der Umfang beträgt 107 m. Die erste Seite (a) ist 29 m lang, die zweite Seite (b) ist 5 m kürzer als die erste und die dritte Seite (c) ist 8 m länger als die zweite Seite.
Wie lang ist die vierte Seite (d)?

Antwort: ______________________________

3 Der Umfang eines gleichschenkligen Dreiecks beträgt das 5-Fache der Länge der Grundseite, die 5 cm lang ist. Wie lang sind die beiden Schenkel?

Antwort: ______________________________

4 Ein Rechteck mit einer Breite von 7 cm hat einen Umfang, der 6-mal so groß ist wie die Breite. Wie lang ist das Rechteck?

Antwort: ______

5 Ein Rechteck hat einen Umfang von 88 cm. Es ist 3-mal so lang wie breit. Wie groß sind Länge und Breite des Rechtecks?

Antwort: ______

6 Ein Dreieck hat einen Umfang von 44 cm. Seite b ist halb so lang wie Seite c, Seite a ist 4 cm länger als Seite b. Wie lang sind die Seiten des Dreiecks?

Antwort: ______

1 Die Tabelle enthält die monatlichen Durchschnittstemperaturen von 2012 in der Stadt Berlin in °C.

Jan.	Feb.	März	April	Mai	Juni	Juli	Aug.	Sep.	Okt.	Nov.	Dez.
2,1	−0,7	7,7	9,9	16,1	17,3	19,6	18,7	14,4	9,3	6,1	1,3

Runde auf ganze °C und zeichne die Temperaturen in das Diagramm ein.

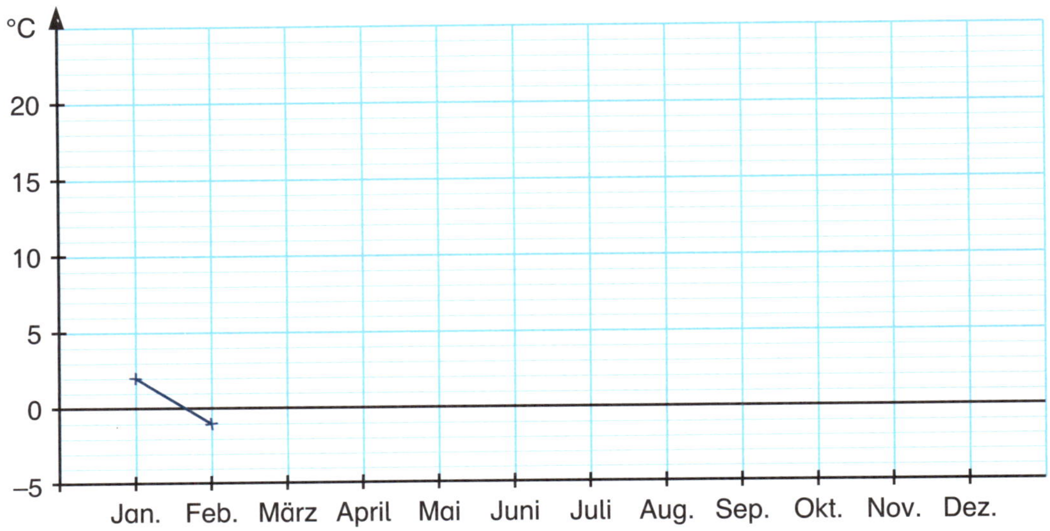

2 An einem Julitag notierte der Wetterdienst in Berlin folgende Temperaturen:

00:00	01:00	02:00	03:00	04:00	05:00	06:00	07:00	08:00	09:00	10:00	11:00
19 °C	18 °C	17 °C	16 °C	17 °C	17 °C	18 °C	19 °C	22 °C	24 °C	27 °C	29 °C

12:00	13:00	14:00	15:00	16:00	17:00	18:00	19:00	20:00	21:00	22:00	23:00
31 °C	32 °C	33 °C	34 °C	33 °C	32 °C	31 °C	28 °C	25 °C	23 °C	22 °C	21 °C

Berechne die Tagesdurchschnittstemperatur. ______

Die Tagesdurchschnittstemperatur berechnet man aus 24 Stundenwerten. Seite 4/5 kann dir helfen.

(1) Herr Müller braucht neue Autoreifen. Er erkundigt sich bei zwei Händlern. Der „Reifen-Profi“ hat gerade das Angebot „4 Reifen kaufen, 3 bezahlen“. Ein Reifen kostet 36,60 €. Die Montagekosten sind in dem Angebot nicht enthalten. Herr Müller muss zusätzlich 7,50 € pro montierten Reifen bezahlen. Bei „Reifen Griffig“ kostet ein Reifen 34,49 €. Die Montage ist im Preis inbegriffen. Herr Müller muss hier aber alle 4 Reifen bezahlen.

a) Beim „Reifen-Profi“ kosten 4 Reifen mit Montage ____________ €.

b) Bei „Reifen Griffig“ kosten 4 Reifen mit Montage ____________ €.

c) Wo wird Herr Müller seine Reifen kaufen?

Antwort: ____

(2) Linus und Laura gehen für ihr Grillfest zum Einkaufen. Sie kaufen acht Schweinenackensteaks für je 1,39 €, außerdem drei Packungen Grillwürste für je 2,19 €. Laura besorgt vier Portionen Grillkäse zu je 1,89 €. Dazu kaufen sie vier Kräuterbaguettes zu je 69 ct und für den Kartoffelsalat 2 kg Kartoffeln für 2,79 €. Laura und Linus nehmen noch einen Kasten Wasser für 4,79 € und zwölf Packungen Apfelsaft zu je 89 ct mit.

a) Linus und Laura geben für ihr Grillfest ____________ € aus.

b) Die beiden bezahlen mit einem 50-€-Schein. Für wie viele Packungen Marshmallows reicht ihr Restgeld, wenn die Packung 1,21 € kostet?

Antwort: ____

1 Die 24 Schüler der Klasse 6 b wollen sich eine Woche lang mit zusätzlichem Training auf das Schulsportfest vorbereiten:
$\frac{1}{4}$ der Schüler trainiert 2-mal eineinhalb Stunden, $\frac{1}{3}$ trainiert 3-mal 45 Minuten, $\frac{1}{6}$ trainiert 4-mal eine halbe Stunde und der Rest trainiert 5-mal 20 Minuten.
Wie lange trainiert jeder Schüler durchschnittlich in dieser Woche?

Lies genau.

Wonach ist gefragt?

Kreuze an:

- ☐ Trainingszeit aller Schüler insgesamt
- ☐ Trainingszeiten der einzelnen Gruppen
- ☐ Durchschnittliche Trainingszeit pro Schüler

Was ist wichtig?

Schreibe auf:

$\frac{1}{4}$ der Schüler (=   ) → 2 · 90 min

$\frac{1}{3}$ der Schüler (=   ) →

Denk daran:
Wenn du $\frac{1}{4}$, $\frac{1}{3}$, $\frac{1}{6}$... der Schüler ausrechnen willst, musst du den Bruchteil immer von der Gesamtzahl berechnen, also $\frac{1}{4}$ von 24, $\frac{1}{3}$ von 24…

Plane deine Lösung.

Was musst du ausrechnen?
Färbe die richtigen Begriffe.

Summe der Trainingszeiten	Trainingszeiten pro Gruppe	Trainingszeiten pro Tag	Durchschnittliche Trainingszeit pro Schüler

Finde deinen Lösungsweg:

Gesamtterm? (6 · 2 · 90 min + …
Oder in Schritten? Trainingszeiten der 1. Gruppe …
Oder Gleichung? x = (6 · 2 · 90 + …

Rechne.

Antwort: ______________________

Kontrolliere.

Kann das Ergebnis stimmen?
Vergleiche deine Antwort mit der Frage.

2 Wie lange treibt jeder Schüler durchschnittlich Sport in dieser Woche, wenn auch noch der Schulsport (90 min), das Fußballtraining von 6 Schülern (1 h 30 min), das Schwimmtraining von 4 Schülern (75 min) und das Tennistraining von 3 Schülern (2 h) berücksichtigt werden?

Antwort: ______________________

Größen in der Tierwelt

Hier findest du Interessantes zu den Tieren.

① Hier siehst du maßstäbliche Zeichnungen von Tieren. Berechne, wie groß die Tiere in Wirklichkeit sein müssten und vergleiche die Maße mit den Informationen aus den Texten. Welche Maßstäbe wurden falsch angegeben? Korrigiere sie.

a) Maßstab 1 : 100

b) Maßstab 5 : 1

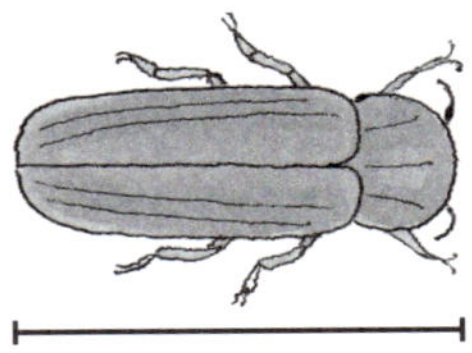

Giraffen haben den höchsten Blutdruck unter allen Tieren. Denn ihr Blut muss durch den bis zu 2,5 m langen Hals bis nach oben zum Kopf gepumpt werden.

Der europäische Esel hat eine Schulterhöhe von ca. 1,5 m. Er stammt vom afrikanischen Esel ab.

c) Maßstab 1 : 50

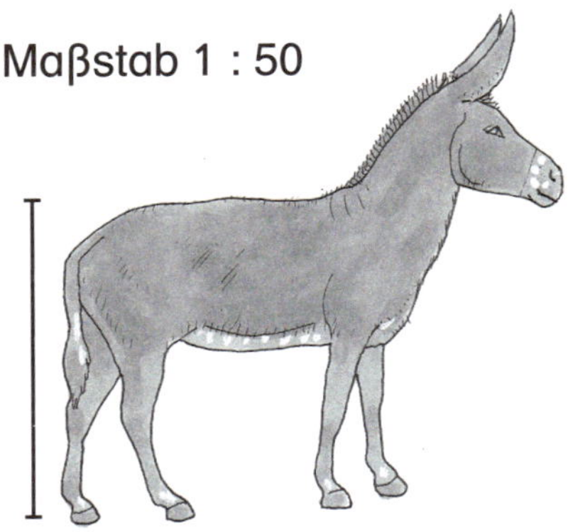

Glühwürmchen wandeln bis zu 95 % der Energie in Licht um. Keine für den Hausgebrauch entwickelte Lichtquelle kann diesen 15 mm kleinen Käfern bisher Konkurrenz machen.

Der Blauwal ist das größte Säugetier der Erde. Er ist 33 m lang und nimmt am Tag etwa 4 t Nahrung zu sich.

d) Maßstab 1 : 30

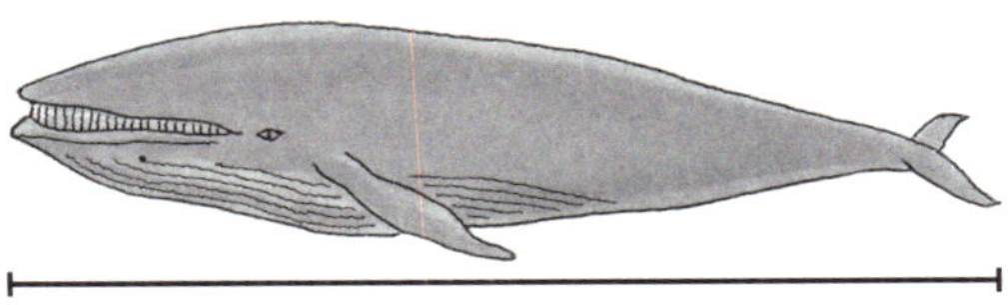

	Halslänge der Giraffe	Länge des Glühwürmchens	Schulterhöhe des Esels	Länge des Blauwals
gemessen	2,5 cm			
laut Maßstab				
laut Text				

(2) Eine Anakonda kann 9 m lang werden. Bei der Geburt beträgt ihre Länge nur etwa $\frac{7}{90}$.
Wie lang ist eine Anakonda bei ihrer Geburt?

Antwort: ____________________

(3) Der Walhai ist der größte Fisch der Welt.
Er wird 18 m lang. Seine Geburtsgröße beträgt nur knapp $\frac{1}{30}$.
Wie lang ist ein Walhai-Baby?

Antwort: ____________________

(4) Der Strauß ist der größte Vogel der Welt. Ein Männchen wird bis zu 2,8 m groß. Die Weibchen sind um etwa $\frac{3}{8}$ kleiner als die Männchen.
Wie groß wird ein Straußweibchen ungefähr?

Antwort: ____________________

(5) Ein Elefant trinkt bis zu 150 Liter Wasser am Tag. $\frac{3}{50}$ davon kann er pro Zug mit seinem Rüssel einsaugen.

a) Wie viel Wasser passt pro Zug in den Rüssel?

Antwort: ____________________

b) Wie viele Rüsselzüge sind mindestens nötig, um 150 Liter aufzunehmen?

Antwort: ____________________

c) Ein Elefantenbulle kann mit Hilfe seines Rüssels in 5 Minuten 200 Liter Wasser trinken. Wie lange braucht er, um 120 Liter Wasser zu trinken?

Antwort: ____________________

1 Susi kauft sich für insgesamt 25 € ein Armband mit Anhänger. Das Armband ist um 20 € teurer als der Anhänger. Wie viel kostet das Armband?

Antwort: ____________________

2 Anna geht mit ihren 5 Freundinnen in die Eisdiele. Jede möchte 2 Kugeln in der Waffel. Insgesamt bestellen sie 7 Kugeln Erdbeereis und 5 Kugeln Vanilleeis.
Wie könnten die Eiskugeln verteilt sein?
Wie viele Möglichkeiten findest du?

Antwort: ____________________

3 Anton hat 15 Schachteln Pralinen. Er will sie gerecht an sich und seine Freunde Emil und Rosa verteilen. Jeder soll gleich viele Schachteln und gleich viele Pralinen erhalten.
Es gibt nur ein Problem: $\frac{1}{3}$ der Schachteln ist voll, $\frac{1}{3}$ der Schachteln ist halbvoll und $\frac{1}{3}$ der Schachteln ist leer. Wie muss Anton verteilen?

Überlege:
Wie viele Schachteln sind ...
... voll? ____
... halbvoll? ____
... leer? ____

Antwort: ____________________

____

4 Emil und Fred haben zusammen auf ihren Handys noch 100 Freiminuten. Emil sagt: „Wenn ich die Anzahl meiner Freiminuten durch zehn teile, bleibt ein Rest von sieben.“ Fred erklärt: „Wenn ich die Anzahl meiner Freiminuten durch acht teile, bleibt auch ein Rest von sieben.“
Wie viele Freiminuten könnte jeder der beiden haben?

Antwort: ______________________________

____

5 Kinder bemalen Ostereier. In 5 Minuten bemalen 5 Kinder insgesamt 5 Eier.
Wie viele Kinder bemalen 30 Eier in 30 Minuten?

Antwort: ______________________________

6 Paul hat Murmeln. Erst zählt er zu seiner Anzahl 2 dazu und verdoppelt das Ergebnis. Dann zählt er zu seiner anfänglichen Murmelanzahl 3 dazu und verdreifacht dieses Ergebnis. Nun addiert er beide Ergebnisse und erhält 78.
Wie viele Murmeln hat Paul?

Antwort: ______________________________

Dies ist der Grundriss eines Schwimmbeckens im Maßstab 1 : 200.
Es ist 2,20 m tief und bis 20 cm unter den Rand mit Wasser gefüllt.

(1) Entnimm der Zeichnung die Maße für Länge und Breite des Beckens. Berechne, wie die Maße in Wirklichkeit sind.

	Zeichnung		Wirklichkeit
Länge:	______________	→	______________
Breite:	______________	→	______________

(2) a) Wie viele m^3 Wasser sind im Becken?

$V = a \cdot b \cdot c$

$V =$

$V =$

Antwort: Im Becken sind ________ m^3 Wasser.

b) Wie viele Liter sind das? Rechne um.

1 m^3 = 1 000 l

______________ m^3 = ______________ l

Lösungen Mathe-Stars 6 Knobel- und Sachaufgaben

(zum Heraustrennen die mittlere Klammer lösen)

Sachaufgaben mit Gleichungen lösen (1)

① Petra kauft von ihrem Geburtstagsgeld zwei Taschenbücher zu je 6,90 € und zwei gleich teure CDs. Sie bezahlt insgesamt 43,80 €. Wie viel kostet eine CD?

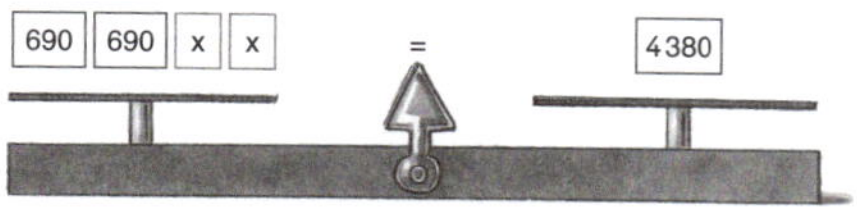

$2 \cdot 690 + 2x = 4380$

$1380 + 2x = 4380 \quad | -1380$

$2x = 3000 \quad | :2$

$x = 1500$

Antwort: Eine CD kostet 15,00 €.

② Tobias kauft 4 Hefte zu je 0,60 € und 6 Buchumschläge. Er bezahlt dafür 9,60 €. Wie teuer ist ein Buchumschlag?

$4 \cdot 60 + 6x = 960$

$240 + 6x = 960 \quad | -240$

$6x = 720 \quad | :6$

$x = 120$

Antwort: Ein Buchumschlag kostet 1,20 €.

③ Auf dem Wochenmarkt kostet 1 kg Äpfel 1,20 €. Mutter kauft 3 kg Äpfel und 2 kg Birnen. Sie bezahlt dafür 7,40 €. Wie teuer ist 1 kg Birnen?

$3 \cdot 120 + 2x = 740$

$360 + 2x = 740 \quad | -360$

$2x = 380 \quad | :2$

$x = 190$

Antwort: 1 kg Birnen kostet 1,90 €.

④ Der Eintritt ins Hallenbad kostet für Erwachsene doppelt so viel wie für Kinder. Der Eintritt für die Eltern und drei Kinder beträgt insgesamt 28 €. Wie viel kostet der Eintritt für Erwachsene, wie viel für Kinder?

Eintritt Kind: x

Eintritt Erwachsener: 2x

$3 \cdot x + 2 \cdot 2x = 28$

$3x + 4x = 28$

$7x = 28 \quad | :7$

$x = 4$

Antwort: Der Eintritt kostet für Erwachsene 8 €, für Kinder 4 €.

⑤ Vater geht mit seinen zwei Kindern ins Kino. Die Karte für Erwachsene ist 2 € teurer als die für Kinder. Er bezahlt insgesamt 17 €. Wie viel kostet der Eintritt für Erwachsene, wie viel für Kinder?

Eintritt Kind: x

Eintritt Erwachsener: x + 2

$2 \cdot x + x + 2 = 17$

$3x + 2 = 17 \quad | -2$

$3x = 15 \quad | :3$

$x = 5$

Antwort: Der Eintritt kostet für Erwachsene 7 €, für Kinder 5 €.

⑥ Zum Spiel des FC Torhausen geht Vater mit seinen drei Söhnen Lars (16 Jahre), Klaus (12 Jahre) und Sebastian (13 Jahre). Der Eintrittspreis für Kinder beträgt die Hälfte des Erwachsenenpreises. Jugendliche ab 14 Jahren zahlen 3 € weniger als Erwachsene. Vater bezahlt insgesamt 21 €. Wie teuer ist der Eintritt für jeden?

Eintritt Kind: x

Eintritt Erwachsener: 2x

Eintritt Jugendlicher: 2x – 3

$2 \cdot x + 2x + 2x - 3 = 21$

$6x - 3 = 21 \quad | +3$

$6x = 24 \quad | :6$

$x = 4$

Antwort: Der Eintritt kostet für Erwachsene 8 €, für Jugendliche 5 € und für Kinder 4 €.

Den Durchschnitt berechnen (1)

① Die Albert-Schweitzer-Schule beantragte eine Verkehrszählung an der Schulstraße. An 5 Schultagen wurden jeweils zwischen 7 Uhr und 14 Uhr alle Autos (PKW) und Lastwagen (LKW) gezählt. Wie viele Fahrzeuge fuhren durchschnittlich in einer Stunde durch die Schulstraße?

	PKW	LKW
1. Tag	2 578	285
2. Tag	1 964	293
3. Tag	2 197	331
4. Tag	1 983	298
5. Tag	2 363	322
	11 085	1 529

Lies genau.

Wonach ist gefragt?

Kreuze an:

- ☐ Anzahl der LKW insgesamt
- ☐ Durchschnittliche Anzahl der PKW pro Stunde
- ☒ Durchschnittliche Anzahl der Fahrzeuge pro Stunde

Was ist wichtig?

Schreibe auf:

Verkehrszählung an 1 Tag: 7 Stunden

Verkehrszählung an 5 Tagen: 35 Stunden

Betrachte die Tabelle.

Denk daran:
Wenn du den Durchschnitt ausrechnen willst, musst du zuerst die Gesamtzahl berechnen und diese dann durch …

Plane deine Lösung.

Was musst du ausrechnen?
Färbe die richtigen Begriffe.

Summe aller Fahrzeuge pro Tag	Summe aller Fahrzeuge an 5 Tagen (gefärbt)	Dauer der Verkehrszählung in h (gefärbt)	Durchschnittliche Anzahl der Fahrzeuge pro h (gefärbt)	Durchschnittliche Anzahl der Fahrzeuge pro Tag

Rechne. Runde auf ganze Zahlen.

$11085 + 1529 = 12614$ (Fahrzeuge insgesamt)

$12614 : 35 = 360{,}4 \approx 360$ (Fahrzeuge pro Stunde)

Antwort: In einer Stunde fuhren durchschnittlich 360 Fahrzeuge.

Kontrolliere. Kann das Ergebnis stimmen? Vergleiche deine Antwort mit der Frage.

② Nachdem die Schulstraße für den Durchgangsverkehr gesperrt worden war, wurde erneut eine Verkehrszählung (5 Schultage, jeweils von 7 Uhr bis 14 Uhr) durchgeführt. Im Durchschnitt wurden nun $\frac{3}{4}$ weniger Fahrzeuge pro Stunde notiert als bei der ersten Verkehrszählung. Wie viele Fahrzeuge wurden in diesen 5 Tagen insgesamt gezählt?

$360 \cdot \frac{1}{4} = 90$

$90 \cdot 35 = 3150$

Antwort: Es wurden insgesamt 3 150 Fahrzeuge gezählt.

Wenn du dir bei den römischen Zahlen nicht sicher bist, dann schau nach.

Lege jeweils ein Streichholz so um, dass die Rechnung stimmt.

1 a) IX : III = III
9 : 3 = 3

b) XXI : VII = III
21 : 7 = 3

c) XVI : IV = IV
16 : 4 = 4

d) XII : II = VI
12 : 2 = 6

e) XV : III = V
15 : 3 = 5

f) XII : IV = III
12 : 4 = 3

g) II · IV = VIII
2 · 4 = 8

2 Findest du hier 2 Lösungen?

XX : IV = V
20 : 4 = 5

XX : V = IV
20 : 5 = 4

3 Findest du hier die 4 Lösungen?

XI + V = XVI
11 + 5 = 16

IX + V = XIV
9 + 5 = 14

X + IV = XIV
10 + 4 = 14

XI + IV = XV
11 + 4 = 15

1 Ich denke mir eine Zahl, multipliziere sie mit 24 und subtrahiere dann das 21-Fache meiner Zahl. Das Ergebnis ist 18.

Wie heißt meine Zahl? 6

2 Ich denke mir eine Zahl, multipliziere sie mit dem 7. Teil von 231 und subtrahiere dann das 30-Fache meiner Zahl. Das Ergebnis ist 15.

Wie heißt meine Zahl? 5

231 : 7 = 33

3 Ich denke mir eine Zahl, multipliziere sie mit 4 und erhalte die größte fünfstellige gerade Zahl, die aus 5 verschiedenen Ziffern besteht.

Wie heißt meine Zahl? 24 691

größte fünfstellige gerade Zahl: 98764

98764 : 4 = 24691

4 Meine Zahl ist der 5. Teil der kleinsten fünfstelligen ungeraden Zahl, die aus 5 verschiedenen Ziffern besteht.

Wie heißt meine Zahl? 2 047

kleinste fünfstellige ungerade Zahl: 10235

10235 : 5 = 2047

1 **Notiere jeweils die passende Größeneinheit.**

t – kg – g – mg

km – m – cm – mm

Tage – h – min – s

m^3 – hl – l – ml

km^2 – ha – m^2

Fläche eines Zimmers	m^2	Länge eines Fußballfeldes	m
Wegstrecke nach Hamburg	km	Gewicht eines Butterstückes	g
Dauer eines 70-m-Laufes	s	Länge eines Rechenkaros	mm
Inhalt einer Babyflasche	ml	Inhalt eines Swimmingpools	m^3
Zuladung eines Autos	kg	Fläche des Bodensees	km^2
Schlafdauer	h	Gewicht eines LKW	t
Länge eines Schulheftes	cm	Inhalt eines Planschbeckens	l
Inhalt eines Weinfasses	hl	Wirkstoffmenge einer Tablette	mg
Fläche eines Ackers	ha	Dauer einer Nachrichtensendung	min
Dauer einer Schulwoche	Tage		

2 Herr Schlau soll für seinen Sohn ein Fußballfeld (30 m lang, 15 m breit) ausmessen. Als er sein Metermaß sucht, fällt sein Blick auf ein Schulheft. Er denkt: „So ein Heft ist 30 cm lang. Wenn ich nun mein Metermaß nicht finde …“ Wie viele Hefte müsste Herr Schlau aneinanderlegen, damit er die 30 m Länge erreicht?

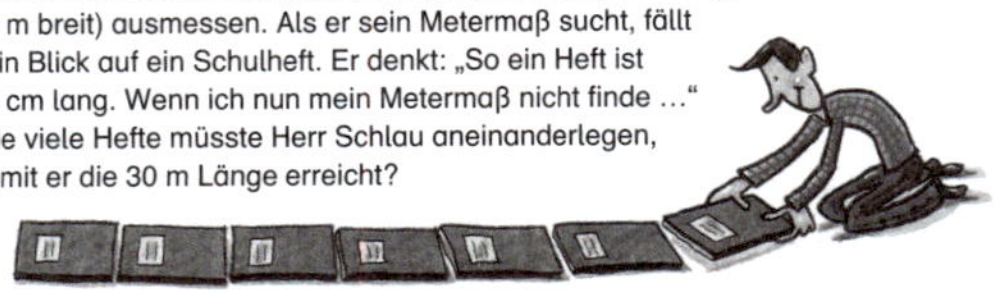

Antwort: Er müsste 100 Hefte aneinanderlegen.

2) 30 m = 3000 cm 3000 cm : 30 cm = 100

3 a) Die 3-jährige Fritzi möchte mit ihrer Babyflasche (Inhalt 250 ml) ihr Planschbecken (Inhalt 100 l) füllen. Wie oft müsste sie ihre Flasche füllen, damit ihr das gelingt?

Antwort: Fritzi müsste ihre Flasche 400-mal füllen.

b) Der Weg zum Wasserhahn, das Füllen der Flasche und der Rückweg zum Planschbecken dauern insgesamt 3 Minuten. Wie lange wäre Fritzi mit dem Füllen des Planschbeckens beschäftigt?

Antwort: Sie wäre damit 20 Stunden beschäftigt.

4 a) Frau Schmalz fährt in die Molkerei zum Großeinkauf. Sie kann in den Kofferraum ihres Autos (Volumen 400 l) 320 kg zuladen. Wie viele 250-g-Stücke Butter könnte sie mitnehmen?

Antwort: Sie könnte 1 280 Butterstücke mitnehmen.

b) Hätten alle diese Butterstücke Platz, wenn ein Butterstück die Maße 10 cm mal 7 cm mal 3,5 cm hat?

Antwort: Es hätten alle Butterstücke Platz (313,6 dm^3 < 400 l).

5 Frau Hellwach schläft nachts im Durchschnitt 6 Stunden. Abends sieht sie sich gerne ihre Lieblingsserie auf DVD an. Eine Folge davon dauert 45 Minuten. Wie viele Folgen ihrer Lieblingsserie könnte Frau Hellwach ansehen, wenn sie eine Nacht lang auf Schlaf verzichten würde?

Antwort: Sie könnte sich 8 Folgen ansehen.

3 a) 4 · 250 ml = 1 l 4 · 100 = 400

b) 400 · 3 min = 1200 min = 20 h

4 a) 4 · 250 g = 1 kg 4 · 320 = 1280

b) 10 cm · 3,5 cm · 7 cm = 245 cm^3

245 cm^3 · 1280 = 313600 cm^3 = 313,6 dm^3

5) 6 h = 360 min 360 min : 45 min = 8

Mein Tipp: Lies dir die Aussagen immer wieder durch und trage ein, was du sicher weißt.

Beim Radrennen

Male Helme, Räder und Trikots in den richtigen Farben an und ergänze die Namen.

- Der erste Radler trägt nicht das braune Trikot und hat nicht das grüne Rad.
- Der Radler mit dem roten Trikot trägt einen gelben Helm und heißt nicht Ben.
- Der Radler, der ganz hinten fährt, hat einen grünen Helm und heißt nicht Sven.
- Max trägt nicht das braune Trikot und nicht den schwarzen Helm. Er fährt ein schwarzes Rad.
- Das weiße Rad gehört zum Fahrer mit dem blauen Trikot und liegt hinten.

In der Schule

Male Bücher und T-Shirts in den richtigen Farben an und beschrifte die Bücher und Namensschilder.

- Anne sitzt nicht in der Mitte. Sie trägt ein rotes T-Shirt und hat ein braunes Buch vor sich.
- Sabine sitzt neben Anne, trägt nicht das gelbe T-Shirt und hat nicht das Mathebuch (M) vor sich.
- Sarah siehst du nicht links im Bild. Sie hat nicht das Deutschbuch (D) vor sich.
- Das Englischbuch (E) ist nicht blau und liegt nicht vor der Schülerin mit dem weißen T-Shirt.
- Das Deutschbuch ist nicht grün, das Mathebuch nicht braun.

1 Beschrifte das Koordinatensystem vollständig und trage die Punkte ein.

A (1 | 0) B (4 | 0) C (4 | 6) E (1 | 10) F (2 | 8)
G (3 | 10) H (2 | 12) I (9 | 1) K (13 | 5)

2 Die Punkte A, B und C sind Eckpunkte eines Rechtecks.

Gib die Koordinaten des vierten Eckpunktes D an. D (1 | 6)

3 Spiegle A und D an der Spiegelachse BC.

a) Gib die Koordinaten von A' und D' an. A' (7 | 0) D' (7 | 6)

b) Welches besondere Viereck ist AA'DD'? Quadrat

4 Welches besondere Viereck ist EFGH? Raute

5 Verschiebe EFGH so (Parallelverschiebung), dass G auf G' (6 | 12) zu liegen kommt.

a) Gib die Koordinaten von E', F' und H' an.

E' (4 | 12) F' (5 | 10) H' (5 | 14)

b) Nach welcher Vorschrift wurde verschoben?

3 cm nach rechts und 2 cm nach oben
(oder: 2 cm nach oben und 3 cm nach rechts)

6 I und K sind gegenüberliegende Eckpunkte eines Quadrates IJKL.

Gib die Koordinaten der anderen beiden Eckpunkte an.

J (13 | 1) L (9 | 5)

7 Verschiebe im Quadrat IJKL den Punkt K um 1 cm nach rechts und 1 cm nach oben.

a) Gib die Koordinaten von K' an. K' (14 | 6)

b) Welche Figur IJK'L entsteht? Kreuze an.

☐ Trapez ☐ Rechteck ☒ Drachenviereck ☐ Parallelogramm

8 Verschiebe im Quadrat IJKL den Punkt I um 1 cm nach links.

a) Gib die Koordinaten von I' an.

I' (8 | 1)

b) Welche Figur I'JKL entsteht? Kreuze an.

☐ gleichschenkliges Trapez ☒ rechtwinkliges Trapez ☐ Raute

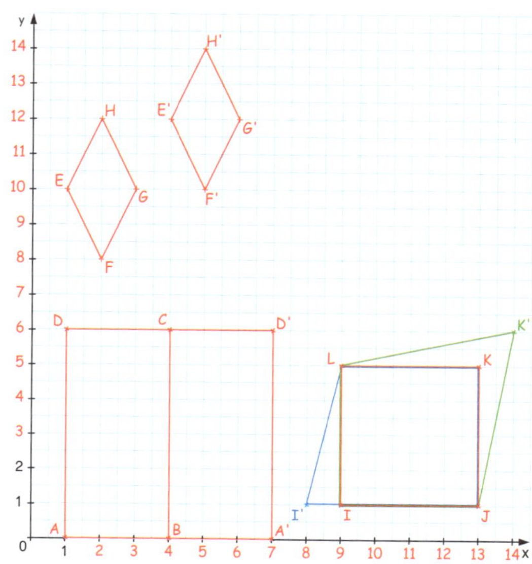

① **Berechne die Bruchteile.**

a) $\frac{1}{6}$ von 300 kg $\frac{1}{6} \cdot 300\text{ kg} = \frac{1 \cdot \cancel{300}^{50}}{\cancel{6}_1}\text{ kg} = 50\text{ kg}$

$\frac{2}{6}$ von 300 kg 100 kg

$\frac{5}{6}$ von 300 kg 250 kg

$\frac{4}{6}$ von 300 kg 200 kg

b) $\frac{3}{5}$ von 150 cm $\frac{3}{5} \cdot 150\text{ cm} = \frac{3 \cdot \cancel{150}^{30}}{\cancel{5}_1}\text{ cm} = 90\text{ cm}$

$\frac{8}{9}$ von 630 € $\frac{8}{9} \cdot 630\text{ €} = \frac{8 \cdot \cancel{630}^{70}}{\cancel{9}_1}\text{ €} = 560\text{ €}$

$\frac{3}{4}$ von 320 m² $\frac{3}{4} \cdot 320\text{ m}^2 = \frac{3 \cdot \cancel{320}^{80}}{\cancel{4}_1}\text{ m}^2 = 240\text{ m}^2$

$\frac{5}{8}$ von 48 h $\frac{5}{8} \cdot 48\text{ h} = \frac{5 \cdot \cancel{48}^{6}}{\cancel{8}_1}\text{ h} = 30\text{ h}$

② **Berechne die Bruchteile. Wandle um, wenn nötig.**

a) $\frac{1}{3}$ von 1 h $\frac{1}{3} \cdot 60\text{ min} = \frac{1 \cdot \cancel{60}^{20}}{\cancel{3}_1}\text{ min} = 20\text{ min}$

$\frac{1}{5}$ von 1 h $\frac{1}{5} \cdot 60\text{ min} = \frac{1 \cdot \cancel{60}^{12}}{\cancel{5}_1}\text{ min} = 12\text{ min}$

$\frac{1}{6}$ von 2 h $\frac{1}{6} \cdot 120\text{ min} = \frac{1 \cdot \cancel{120}^{20}}{\cancel{6}_1}\text{ min} = 20\text{ min}$

$\frac{3}{4}$ von 3 h $\frac{3}{4} \cdot 180\text{ min} = \frac{3 \cdot \cancel{180}^{45}}{\cancel{4}_1}\text{ min} = 135\text{ min} = 2\text{ h } 15\text{ min}$

b) $\frac{3}{5}$ von 4 m $\frac{3}{5} \cdot 400\text{ cm} = \frac{3 \cdot \cancel{400}^{80}}{\cancel{5}_1}\text{ cm} = 240\text{ cm} = 2{,}4\text{ m}$

$\frac{2}{6}$ von 3 m³ $\frac{\cancel{2}^1}{\cancel{6}_3} \cdot 3\text{ m}^3 = \frac{1}{3} \cdot 3\text{ m}^3 = \frac{1 \cdot \cancel{3}^1}{\cancel{3}_1}\text{ m}^3 = 1\text{ m}^3$

$\frac{4}{9}$ von 270 km $\frac{4}{9} \cdot 270\text{ km} = \frac{4 \cdot \cancel{270}^{30}}{\cancel{9}_1}\text{ km} = 120\text{ km}$

$\frac{6}{10}$ von 5 t $\frac{\cancel{6}^3}{\cancel{10}_5} \cdot 5\text{ t} = \frac{3}{5} \cdot 5\text{ t} = \frac{3 \cdot \cancel{5}^1}{\cancel{5}_1}\text{ t} = 3\text{ t}$

③ **Familie Rasch plant, mit dem Auto in den Urlaub zu fahren.**

a) Das zulässige Gesamtgewicht des Autos beträgt 1 980 kg. Herr Rasch hat errechnet, dass die Familie $\frac{1}{6}$ davon als Gepäck zuladen kann. Wie viel darf das Gepäck höchstens wiegen?

Antwort: Das Gepäck darf höchstens 330 kg wiegen.

b) Die Familie will um 6 Uhr losfahren und erwartet, dass sie gegen 16.30 Uhr am Ziel ankommen wird. $\frac{2}{9}$ der Gesamtreisezeit werden für Pausen eingeplant. Für wie viele Stunden und Minuten wird die Fahrt unterbrochen?

Antwort: Die Fahrt wird für 2 h und 20 min unterbrochen.

c) 150 € plant Familie Rasch für die Benzinkosten der Reise ein. Das ist $\frac{1}{12}$ der geplanten Gesamtausgaben.
Mit welchen Gesamtausgaben rechnet die Familie?

Antwort: Die Familie rechnet mit Gesamtausgaben von 1 800 €.

d) Im Katalog steht, dass das Hotel über 3 Swimmingpools mit insgesamt 1 400 m³ Wasser verfügt. Der größte Pool fasst $\frac{4}{7}$ der Gesamtmenge, in den mittleren Pool passt nur halb so viel Wasser wie in den größten.
Wie viel m³ Wasser fassen die einzelnen Swimmingpools?

Antwort: Der größte Pool fasst 800 m³, der mittlere 400 m³ und der kleinste Pool fasst 200 m³.

3 a) $\frac{1}{6} \cdot 1980\text{ kg} = \frac{1 \cdot \cancel{1980}^{330}}{\cancel{6}_1}\text{ kg} = 330\text{ kg}$

b) 10 h 30 min = 630 min

$\frac{2}{9} \cdot 630\text{ min} = \frac{2 \cdot \cancel{630}^{70}}{\cancel{9}_1}\text{ min} = 140\text{ min} = 2\text{ h } 20\text{ min}$

c) 150 € · 12 = 1800 €

d) $\frac{4}{7} \cdot 1400\text{ m}^3 = \frac{4 \cdot \cancel{1400}^{200}}{\cancel{7}_1}\text{ m}^3 = 800\text{ m}^3$

800 m³ : 2 = 400 m³   1400 m³ − 1200 m³ = 200 m³

Bringe die Brüche jeweils auf einen gemeinsamen Nenner!

① Die beiden Jung-Kängurus Jumpi und Wide machen einen Weitsprungwettkampf. Jumpi schafft $\frac{5}{6}$ einer Kängurumeile, Wide springt $\frac{7}{9}$ einer Kängurumeile. Wer springt weiter?

Antwort: Jumpi springt weiter als Wide.

② Die Brüder Kai und Uwe streichen den Rumpf ihres alten Schiffes. Kai streicht die Backbordseite und hat schon $\frac{5}{12}$ der Seite geschafft. Uwe bearbeitet die Steuerbordseite, $\frac{7}{16}$ hat er schon fertiggestrichen.
Wer von beiden hat bisher den größeren Teil geschafft?

Antwort: Uwe hat den größeren Teil geschafft.

③ Die Klasse 6 a hat 28 Schülerinnen und Schüler. 20 von ihnen spielen ein Musikinstrument. In der Klasse 6 b spielen 16 Kinder ein Instrument. Die Klasse 6 b hat aber nur 24 Schülerinnen und Schüler.
In welcher Klasse ist der Anteil der Musikanten höher?

Antwort: In der 6a ist der Anteil der Musikanten höher.

④ Drei Schnecken waren gleichzeitig Richtung Salatkopf gestartet. Nun hat Slimy von 80 cm bereits 50 cm zurückgelegt, Speedy hat 28 cm von 49 cm geschafft und Flash hat von seinen 72 cm schon $\frac{3}{4}$ hinter sich.
Wer kommt zuerst am Salatkopf an, wenn alle drei ihr Tempo beibehalten?

Antwort: Flash kommt zuerst am Salatkopf an.

1) $\frac{5}{6} = \frac{15}{18}$ $\frac{7}{9} = \frac{14}{18}$ $\frac{5}{6} > \frac{7}{9}$

2) $\frac{5}{12} = \frac{20}{48}$ $\frac{7}{16} = \frac{21}{48}$ $\frac{5}{12} < \frac{7}{16}$

3) $\frac{20}{28} = \frac{5}{7} = \frac{15}{21}$ $\frac{16}{24} = \frac{2}{3} = \frac{14}{21}$ $\frac{20}{28} > \frac{16}{24}$

4) $\frac{50}{80} = \frac{5}{8} = \frac{35}{56}$ $\frac{28}{49} = \frac{4}{7} = \frac{32}{56}$ $\frac{3}{4} = \frac{42}{56}$

Welche Zahlen verstecken sich hinter den Bildern?

$4 \cdot \frac{1}{2} = 2$

$\frac{1}{4} + \frac{1}{2} = \frac{3}{4}$

$\frac{1}{2} + \frac{1}{2} = 1$

$\frac{1}{3} - \frac{1}{3} = 0$

$10 \cdot \frac{1}{2} = 5$

$\frac{1}{3} : 2 = \frac{1}{6}$

$9 \cdot \frac{2}{3} = 6$

① Sarah und ihre Freundinnen mischten in einem Krug 0,4 l Apfelsaft, $\frac{1}{4}$ l Kirschsaft, $\frac{1}{8}$ l Himbeersirup, $\frac{1}{5}$ l Traubensaft, 25 ml frisch gepressten Zitronensaft und Mineralwasser.
Wie viel Mineralwasser hatten sie dazugegeben, wenn sie 6 Gläser mit je 250 ml Mixgetränk füllen konnten?

Lies genau.

Wonach ist gefragt?

Kreuze an:

- ☐ Menge des Mixgetränks insgesamt (l, ml)
- ☐ Inhalt eines Trinkglases (ml)
- ☒ Menge Mineralwasser (l, ml)

Ich rechne hier alles in ml um.

Was ist wichtig?

Schreibe auf:

0,4 l Apfelsaft = 400 ml
$\frac{1}{4}$ l Kirschsaft = 250 ml
$\frac{1}{8}$ l Himbeersirup = 125 ml
$\frac{1}{5}$ l Traubensaft = 200 ml
Zitronensaft = 25 ml
Inhalt eines Trinkglases: 250 ml
Anzahl der gefüllten Gläser: 6

Denk daran:
Damit du rechnen kannst, müssen alle Angaben einheitlich sein, also:
– entweder nur gleichnamige Brüche
– oder nur Dezimalbrüche
– oder nur ganze Zahlen (ml)

Plane deine Lösung.

Was musst du ausrechnen?
Färbe die richtigen Begriffe.

Gesamtmenge (l, ml)	Anzahl der gefüllten Gläser	Fruchtsäfte ohne Mineralwasser (l, ml)	Menge Mineralwasser (l, ml)

Finde deinen Lösungsweg:
Gesamtterm? 6 · 250 ml – (…
Oder in Schritten? Zuerst die Gesamtmenge berechnen, …
Oder Gleichung? x + 400 ml + …

Rechne.

6 · 250 ml = 1500 ml
400 ml + 250 ml + 125 ml + 200 ml + 25 ml = 1000 ml
1500 ml – 1000 ml = 500 ml = 0,5 l

Antwort: Sie hatten 0,5 l Mineralwasser dazugegeben.

Kontrolliere.

Kann das Ergebnis stimmen?
Vergleiche deine Antwort mit der Frage.

Überlege zuerst: Wie viele 150-ml-Becher könnten sie mit der Mischung von Aufgabe 1 füllen?

② Die Mädchen möchten das Fruchtsaftgetränk auch bei ihrem Klassenfest anbieten.
Wie viel von den einzelnen Zutaten benötigen sie, um 30 Becher mit je 150 ml Mixgetränk füllen zu können?

1500 ml : 150 ml = 10 → 10 Becher
→ Für 30 Becher alles · 3
Apfelsaft: 0,4 l · 3 = 1,2 l
Kirschsaft: $\frac{1}{4}$ l · 3 = $\frac{3}{4}$ l = 750 ml
Himbeersirup: $\frac{1}{8}$ l · 3 = $\frac{3}{8}$ l = 375 ml
Traubensaft: $\frac{1}{5}$ l · 3 = $\frac{3}{5}$ l = 600 ml
Zitronensaft: 25 ml · 3 = 75 ml
Mineralwasser: 0,5 l · 3 = 1,5 l

Antwort: Sie benötigen 1,2 l Apfelsaft, $\frac{3}{4}$ l Kirschsaft, $\frac{3}{8}$ l Himbeersirup, 600 ml Traubensaft, 75 ml Zitronensaft und 1,5 l Mineralwasser.

Erst genau lesen!

① **Setze die Angaben sinnvoll in den Text ein.**

Die Hälfte 1 l $\frac{3}{8}$ 560 kg 150
12 5 Tagen 23 kg 8 Stunden 32 000 l

In einer Getränkefabrik wird an 5 Tagen in der Woche Limonade hergestellt. 150 Arbeiter verteilen sich gleichmäßig auf drei Schichten zu je 8 Stunden Arbeitszeit. In einer Stunde werden 32 000 l Limonade produziert. Die Hälfte davon ist Zitronenlimonade, $\frac{3}{8}$ sind Orangenlimonade und der Rest sind Mixgetränke. Alles wird in PET-Flaschen zu je 1 l abgefüllt. 12 Flaschen kommen in eine Getränkekiste. 40 Kisten werden auf eine Palette gestellt, die dann 560 kg wiegt. Auf einen LKW der Firma passen 34 Paletten. Eine leere Palette wiegt 23 kg.

② **Rechne und antworte.**

a) Wie viele Liter Limonade werden an einem Tag (24 Stunden) hergestellt?
Antwort: An einem Tag werden 768 000 l hergestellt.

b) Wie viele Kisten sind das? Wie viele Paletten sind das?
Antwort: Das sind 64 000 Kisten bzw. 1600 Paletten.

2 a) 32000 l · 24 = 768000 l
b) 768000 l : 12 l = 64000
64000 : 40 = 1600
c) 768000 l : 2 = 384000 l
$\frac{3}{8}$ · 768000 l = 288000 l

c) Wie viele Liter davon sind Zitronenlimonade, wie viele Orangenlimonade?
Antwort: Es sind 384 000 l Zitronen- und 288 000 l Orangenlimonade.

d) Wie groß ist der Anteil der Mixgetränke? Gib den Anteil als Bruchzahl an.
Antwort: Der Anteil der Mixgetränke beträgt $\frac{1}{8}$.

e) Wie viele Getränkekisten passen auf einen LKW?
Antwort: Auf einen LKW passen 1360 Getränkekisten.

f) Wie viele LKW werden für den Transport einer Tagesproduktion ungefähr benötigt?
Antwort: Es werden ungefähr 47 LKW benötigt.

g) Wie viele Kilogramm wiegt die Ladung eines vollen LKW?
Antwort: Die Ladung eines vollen LKW wiegt 19 040 kg.

h) Wie viel wiegt eine LKW-Ladung Leergut ohne Paletten?
Antwort: Eine LKW-Ladung Leergut wiegt 1938 kg.

Weißt du noch? 1 l Limo wiegt 1 kg.

i) Wie lange dauert es, 1 Million Liter Limonade zu produzieren? Runde auf volle Stunden.
Antwort: Es dauert rund 31 Stunden.

d) $1 - \frac{1}{2} - \frac{3}{8} = \frac{8}{8} - \frac{4}{8} - \frac{3}{8} = \frac{1}{8}$ e) 34 · 40 = 1360
f) 1600 : 34 ≈ 47   g) 560 kg · 34 = 19040 kg
h) 34 · 23 kg = 782 kg
1360 · 12 kg = 16320 kg
19040 kg – 16320 kg – 782 kg = 1938 kg
i) $\frac{1000000}{32000} = \frac{125}{4} = 31\frac{1}{4} \approx 31$

(1) Ein Dreieck hat einen Umfang von 55 cm. Die erste Seite (a) ist 16 cm lang, die zweite Seite (b) ist 3 cm länger als die erste. Wie lang ist die dritte Seite (c)?

Mein Tipp: Fertige immer eine Skizze an, beschrifte sie und benenne die unbekannte Seite mit x. Stelle dann die Gleichung auf und rechne.

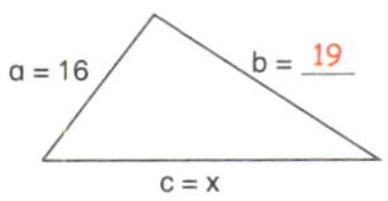

16 + 19 + x = 55
35 + x = 55
x = 20

Antwort: Die dritte Seite ist 20 cm lang.

(2) Ein Grundstück hat die Form eines unregelmäßigen Vierecks. Der Umfang beträgt 107 m. Die erste Seite (a) ist 29 m lang, die zweite Seite (b) ist 5 m kürzer als die erste und die dritte Seite (c) ist 8 m länger als die zweite Seite. Wie lang ist die vierte Seite (d)?

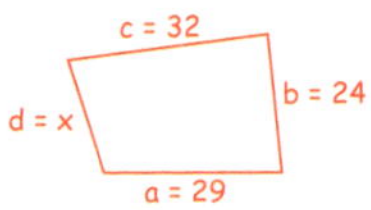

29 + 24 + 32 + x = 107
85 + x = 107
x = 22

Antwort: Die vierte Seite ist 22 m lang.

(3) Der Umfang eines gleichschenkligen Dreiecks beträgt das 5-Fache der Länge der Grundseite, die 5 cm lang ist. Wie lang sind die beiden Schenkel?

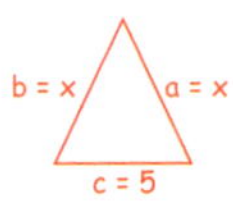

5 + 2x = 5 · 5
5 + 2x = 25
x = 10

Antwort: Die beiden Schenkel sind jeweils 10 cm lang.

(4) Ein Rechteck mit einer Breite von 7 cm hat einen Umfang, der 6-mal so groß ist wie die Breite. Wie lang ist das Rechteck?

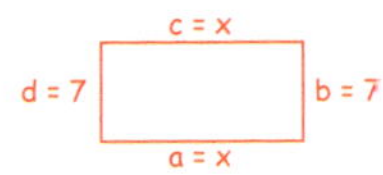

2 · 7 + 2x = 6 · 7
14 + 2x = 42
x = 14

Antwort: Das Rechteck ist 14 cm lang.

(5) Ein Rechteck hat einen Umfang von 88 cm. Es ist 3-mal so lang wie breit. Wie groß sind Länge und Breite des Rechtecks?

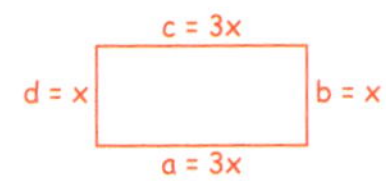

2x + 2 · 3x = 88
8x = 88
x = 11

Antwort: Das Rechteck ist 11 cm breit und 33 cm lang.

(6) Ein Dreieck hat einen Umfang von 44 cm. Seite b ist halb so lang wie Seite c, Seite a ist 4 cm länger als Seite b. Wie lang sind die Seiten des Dreiecks?

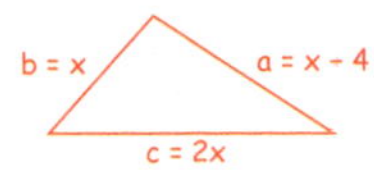

x + 4 + x + 2x = 44
4x + 4 = 44
x = 10

Antwort: Seite a ist 14 cm lang, b ist 10 cm und c ist 20 cm lang.

(1) Die Tabelle enthält die monatlichen Durchschnittstemperaturen von 2012 in der Stadt Berlin in °C.

Jan.	Feb.	März	April	Mai	Juni	Juli	Aug.	Sep.	Okt.	Nov.	Dez.
2,1	–0,7	7,7	9,9	16,1	17,3	19,6	18,7	14,4	9,3	6,1	1,3

Runde auf ganze °C und zeichne die Temperaturen in das Diagramm ein.

(2) An einem Julitag notierte der Wetterdienst in Berlin folgende Temperaturen:

00:00	01:00	02:00	03:00	04:00	05:00	06:00	07:00	08:00	09:00	10:00	11:00
19 °C	18 °C	17 °C	16 °C	17 °C	17 °C	18 °C	19 °C	22 °C	24 °C	27 °C	29 °C

12:00	13:00	14:00	15:00	16:00	17:00	18:00	19:00	20:00	21:00	22:00	23:00
31 °C	32 °C	33 °C	34 °C	33 °C	32 °C	31 °C	28 °C	25 °C	23 °C	22 °C	21 °C

Berechne die Tagesdurchschnittstemperatur. 24,5 °C

588 °C : 24 ≈ 24,5 °C

Die Tagesdurchschnittstemperatur berechnet man aus 24 Stundenwerten. Seite 4/5 kann dir helfen.

(1) Herr Müller braucht neue Autoreifen. Er erkundigt sich bei zwei Händlern. Der „Reifen-Profi" hat gerade das Angebot „4 Reifen kaufen, 3 bezahlen". Ein Reifen kostet 36,60 €. Die Montagekosten sind in dem Angebot nicht enthalten. Herr Müller muss zusätzlich 7,50 € pro montierten Reifen bezahlen. Bei „Reifen Griffig" kostet ein Reifen 34,49 €. Die Montage ist im Preis inbegriffen. Herr Müller muss hier aber alle 4 Reifen bezahlen.

a) Beim „Reifen-Profi" kosten 4 Reifen mit Montage 139,80 €.

b) Bei „Reifen Griffig" kosten 4 Reifen mit Montage 137,96 €.

c) Wo wird Herr Müller seine Reifen kaufen?

Antwort: Herr Müller wird seine Reifen bei „Reifen Griffig" kaufen.

a) 36,60 € · 3 = 109,80 € 7,50 € · 4 = 30 €

b) 34,49 € · 4 = 137,96 €

(2) Linus und Laura gehen für ihr Grillfest zum Einkaufen. Sie kaufen acht Schweinenackensteaks für je 1,39 €, außerdem drei Packungen Grillwürste für je 2,19 €. Laura besorgt vier Portionen Grillkäse zu je 1,89 €. Dazu kaufen sie vier Kräuterbaguettes zu je 69 ct und für den Kartoffelsalat 2 kg Kartoffeln für 2,79 €. Laura und Linus nehmen noch einen Kasten Wasser für 4,79 € und zwölf Packungen Apfelsaft zu je 89 ct mit.

a) Linus und Laura geben für ihr Grillfest 46,27 € aus.

b) Die beiden bezahlen mit einem 50-€-Schein. Für wie viele Packungen Marshmallows reicht ihr Restgeld, wenn die Packung 1,21 € kostet?

Antwort: Das Restgeld reicht noch für 3 Packungen.

a)
1,39 € · 8 = 11,12 €
2,19 € · 3 = 6,57 €
1,89 € · 4 = 7,56 €
0,69 € · 4 = 2,76 €
0,89 € · 12 = 10,68 €

11,12 € + 6,57 € + 7,56 € + 2,76 € + 2,79 € + 4,79 € + 10,68 € = 46,27 €

b)
50,00 € − 46,27 € = 3,73 €
3,73 € : 1,21 € ≈ 3

① Die 24 Schüler der Klasse 6 b wollen sich eine Woche lang mit zusätzlichem Training auf das Schulsportfest vorbereiten:
$\frac{1}{4}$ der Schüler trainiert 2-mal eineinhalb Stunden, $\frac{1}{3}$ trainiert 3-mal 45 Minuten, $\frac{1}{6}$ trainiert 4-mal eine halbe Stunde und der Rest trainiert 5-mal 20 Minuten.
Wie lange trainiert jeder Schüler durchschnittlich in dieser Woche?

Lies genau.

Wonach ist gefragt?

Kreuze an:

- ☐ Trainingszeit aller Schüler insgesamt
- ☐ Trainingszeiten der einzelnen Gruppen
- ☒ Durchschnittliche Trainingszeit pro Schüler

Was ist wichtig?

Schreibe auf:

$\frac{1}{4}$ der Schüler (= 6) → 2 · 90 min

$\frac{1}{3}$ der Schüler (= 8) → 3 · 45 min

$\frac{1}{6}$ der Schüler (= 4) → 4 · 30 min

restliche Schüler (= 6) → 5 · 20 min

Denk daran:
Wenn du $\frac{1}{4}$, $\frac{1}{3}$, $\frac{1}{6}$... der Schüler ausrechnen willst, musst du den Bruchteil immer von der Gesamtzahl berechnen, also $\frac{1}{4}$ von 24, $\frac{1}{3}$ von 24...

Plane deine Lösung.

Was musst du ausrechnen?
Färbe die richtigen Begriffe.

Summe der Trainingszeiten	Trainingszeiten pro Gruppe	Trainingszeiten pro Tag	Durchschnittliche Trainingszeit pro Schüler

Finde deinen Lösungsweg:

Gesamtterm? (6 · 2 · 90 min + ...
Oder in Schritten? Trainingszeiten der 1. Gruppe ...
Oder Gleichung? x = (6 · 2 · 90 + ...

Rechne.

(6 · 2 · 90 min + 8 · 3 · 45 min + 4 · 4 · 30 min
+ 6 · 5 · 20 min) : 24 = 3240 min : 24 = 135 min
= 2 h 15 min

Antwort: Jeder Schüler trainiert durchschnittlich 2 h 15 min.

Kontrolliere.

Kann das Ergebnis stimmen?
Vergleiche deine Antwort mit der Frage.

② Wie lange treibt jeder Schüler durchschnittlich Sport in dieser Woche, wenn auch noch der Schulsport (90 min), das Fußballtraining von 6 Schülern (1 h 30 min), das Schwimmtraining von 4 Schülern (75 min) und das Tennistraining von 3 Schülern (2 h) berücksichtigt werden?

(3240 min + 6 · 90 min + 4 · 75 min
+ 3 · 120 min) : 24 + 90 min = 4440 min : 24 + 90 min
= 275 min
= 4 h 35 min

Antwort: Jeder Schüler treibt durchschnittlich 4 h 35 min Sport.

Hier findest du Interessantes zu den Tieren.

① Hier siehst du maßstäbliche Zeichnungen von Tieren.
Berechne, wie groß die Tiere in Wirklichkeit sein müssten und vergleiche die Maße mit den Informationen aus den Texten.
Welche Maßstäbe wurden falsch angegeben? Korrigiere sie.

a) Maßstab 1 : 100 ✓

b) Maßstab 5 : 1 f

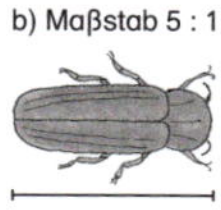

Maßstab 2 : 1

Giraffen haben den höchsten Blutdruck unter allen Tieren. Denn ihr Blut muss durch den bis zu 2,5 m langen Hals bis nach oben zum Kopf gepumpt werden.

Der europäische Esel hat eine Schulterhöhe von ca. 1,5 m. Er stammt vom afrikanischen Esel ab.

c) Maßstab 1 : 50 ✓

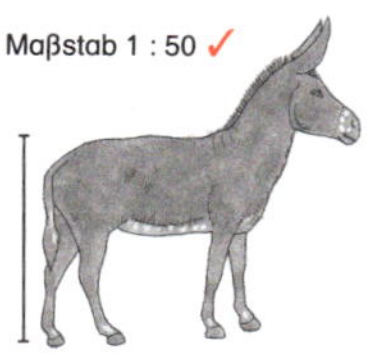

Glühwürmchen wandeln bis zu 95% der Energie in Licht um. Keine für den Hausgebrauch entwickelte Lichtquelle kann diesen 15 mm kleinen Käfern bisher Konkurrenz machen.

Der Blauwal ist das größte Säugetier der Erde. Er ist 33 m lang und nimmt am Tag etwa 4 t Nahrung zu sich.

d) Maßstab 1 : 30 f Maßstab 1 : 500

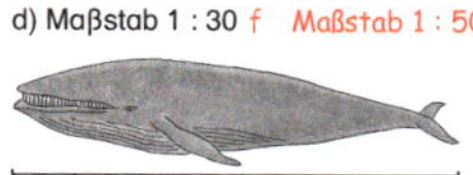

	Halslänge der Giraffe	Länge des Glühwürmchens	Schulterhöhe des Esels	Länge des Blauwals
gemessen	2,5 cm	3 cm	3 cm	6,6 cm
laut Maßstab	250 cm	6 mm	150 cm	198 cm
laut Text	2,5 m	15 mm	1,5 m	33 m

② Eine Anakonda kann 9 m lang werden. Bei der Geburt beträgt ihre Länge nur etwa $\frac{7}{90}$.
Wie lang ist eine Anakonda bei ihrer Geburt?

$\frac{7 \cdot 9^{1}}{90_{10}}$ m $= \frac{7}{10}$ m
= 70 cm

Antwort: Das Anakonda-Baby ist 70 cm lang.

③ Der Walhai ist der größte Fisch der Welt.
Er wird 18 m lang. Seine Geburtsgröße beträgt nur knapp $\frac{1}{30}$.
Wie lang ist ein Walhai-Baby?

$\frac{1 \cdot 18^{3}}{30_{5}}$ m $= \frac{3}{5}$ m
= 60 cm

Antwort: Das Walhai-Baby ist 60 cm lang.

④ Der Strauß ist der größte Vogel der Welt. Ein Männchen wird bis zu 2,8 m groß. Die Weibchen sind um etwa $\frac{3}{8}$ kleiner als die Männchen.
Wie groß wird ein Straußweibchen ungefähr?

$\frac{3 \cdot 280^{35}}{8_{1}}$ cm
= 105 cm

Antwort: Das Weibchen ist ca. 1,05 m groß.

⑤ Ein Elefant trinkt bis zu 150 Liter Wasser am Tag. $\frac{3}{50}$ davon kann er pro Zug mit seinem Rüssel einsaugen.

a) Wie viel Wasser passt pro Zug in den Rüssel?

$\frac{3 \cdot 150^{3}}{50_{1}}$ l = 9 l

Antwort: Es passen 9 l Wasser in den Rüssel.

b) Wie viele Rüsselzüge sind mindestens nötig, um 150 Liter aufzunehmen?

150 l : 9 l ≈ 16,7

Antwort: Es sind mindestens 17 Züge nötig.

c) Ein Elefantenbulle kann mit Hilfe seines Rüssels in 5 Minuten 200 Liter Wasser trinken. Wie lange braucht er, um 120 Liter Wasser zu trinken?

5 min → 200 l
1 min → 40 l
3 min → 120 l

Antwort: Er braucht 3 min.

① Susi kauft sich für insgesamt 25 € ein Armband mit Anhänger. Das Armband ist um 20 € teurer als der Anhänger. Wie viel kostet das Armband?

Armband: $x + 20$ Anhänger: x $2x + 20 = 25$
$x = 2,5$

Antwort: Das Armband kostet 22,50 €.

② Anna geht mit ihren 5 Freundinnen in die Eisdiele. Jede möchte 2 Kugeln in der Waffel. Insgesamt bestellen sie 7 Kugeln Erdbeereis und 5 Kugeln Vanilleeis. Wie könnten die Eiskugeln verteilt sein? Wie viele Möglichkeiten findest du?

V E	V V	V V
V E	V E	V V
V E	V E	V E
V E	V E	E E
V E	E E	E E
E E	E E	E E

Antwort: Es gibt 3 Möglichkeiten, die Eiskugeln zu verteilen.

③ Anton hat 15 Schachteln Pralinen. Er will sie gerecht an sich und seine Freunde Emil und Rosa verteilen. Jeder soll gleich viele Schachteln und gleich viele Pralinen erhalten.
Es gibt nur ein Problem: $\frac{1}{3}$ der Schachteln ist voll, $\frac{1}{3}$ der Schachteln ist halbvoll und $\frac{1}{3}$ der Schachteln ist leer. Wie muss Anton verteilen?

(Anton) $1 + 1 + 0 + \frac{1}{2} + 0$
(Emil) $1 + 1 + 0 + \frac{1}{2} + 0$
(Rosa) $1 + \frac{1}{2} + \frac{1}{2} + \frac{1}{2} + 0$

Überlege:
Wie viele Schachteln sind ...
... voll? (1) 5
... halbvoll? ($\frac{1}{2}$) 5
... leer? (0) 5

Antwort: Ein Kind bekommt 1 volle, 1 leere und 3 halbvolle Schachteln.
Zwei Kinder bekommen je 2 volle, 1 halbvolle und 2 leere Schachteln.

④ Emil und Fred haben zusammen auf ihren Handys noch 100 Freiminuten. Emil sagt: „Wenn ich die Anzahl meiner Freiminuten durch zehn teile, bleibt ein Rest von sieben." Fred erklärt: „Wenn ich die Anzahl meiner Freiminuten durch acht teile, bleibt auch ein Rest von sieben."
Wie viele Freiminuten könnte jeder der beiden haben?

Emil:	7	17	27	37	... 77
Fred:	~~93~~	~~83~~	~~73~~	63	23

Antwort: Emil hat 37 Freiminuten und Fred hat 63 Freiminuten oder Emil hat 77 und Fred 23 Freiminuten.

⑤ Kinder bemalen Ostereier. In 5 Minuten bemalen 5 Kinder insgesamt 5 Eier. Wie viele Kinder bemalen 30 Eier in 30 Minuten?

1 Kind bemalt in 5 Minuten 1 Ei. → 1 Kind bemalt in 30 Minuten 6 Eier.

Antwort: Es sind 5 Kinder.

⑥ Paul hat Murmeln. Erst zählt er zu seiner Anzahl 2 dazu und verdoppelt das Ergebnis. Dann zählt er zu seiner anfänglichen Murmelanzahl 3 dazu und verdreifacht dieses Ergebnis. Nun addiert er beide Ergebnisse und erhält 78. Wie viele Murmeln hat Paul?

$(x + 2) \cdot 2 + (x + 3) \cdot 3 = 78$
$2x + 4 + 3x + 9 = 78$
$5x + 13 = 78$
$x = 13$

Antwort: Paul hat 13 Murmeln.

Dies ist der Grundriss eines Schwimmbeckens im Maßstab 1 : 200.
Es ist 2,20 m tief und bis 20 cm unter den Rand mit Wasser gefüllt.

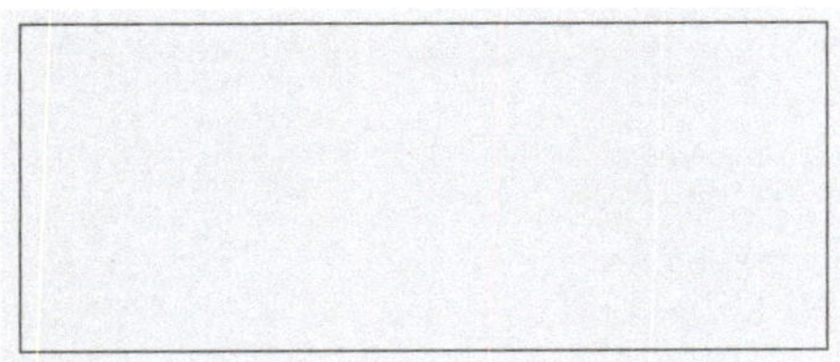

① Entnimm der Zeichnung die Maße für Länge und Breite des Beckens. Berechne, wie die Maße in Wirklichkeit sind.

	Zeichnung		Wirklichkeit
Länge:	12,5 cm	→	25 m
Breite:	5 cm	→	10 m

② a) Wie viele m^3 Wasser sind im Becken?

$V = a \cdot b \cdot c$
$V = 25\,m \cdot 10\,m \cdot 2\,m$
$V = 500\,m^3$

Antwort: Im Becken sind 500 m^3 Wasser.

b) Wie viele Liter sind das? Rechne um.

500 m^3 = 500 000 l

③ a) Der Boden und die Wände des Schwimmbeckens sind gefliest.
Wie viele m^2 Fliesen wurden hier verbaut?

$2 \cdot 25\,m \cdot 2,2\,m + 2 \cdot 10\,m \cdot 2,2\,m + 10\,m \cdot 25\,m$
$= 110\,m^2 + 44\,m^2 + 250\,m^2 = 404\,m^2$

Antwort: Es wurden 404 m^2 Fliesen verbaut.

b) Wenn man das Schwimmbecken als Quader betrachtet, gibt dann die Lösung von 3 a) die Größe der gesamten Oberfläche an? Begründe.

Nein, es fehlt die Deckfläche.

④ Andreas und Erik messen ein anderes Schwimmbecken aus.
Hier sind ihre Maße: Länge: 1 000 cm, Breite: 80 dm, Wassertiefe: 1 200 mm

a) Rechne alle Maße in m um.

Länge: 1000 cm = 10 m
Breite: 80 dm = 8 m
Wassertiefe: 1200 mm = 1,2 m

b) Wie viele m^3 Wasser sind in diesem Becken?

$V = a \cdot b \cdot c$
$V = 8\,m \cdot 10\,m \cdot 1,2\,m$
$V = 96\,m^3$

Antwort: Es sind 96 m^3 Wasser im Becken.

⑤ Wie viele l Heizöl benötigt man, um das Wasser beider Becken bei einer Neubefüllung auf Badetemperatur zu erwärmen? Rechne mit etwa 2 l Heizöl pro m^3 Badewasser.

$500\,m^3 + 96\,m^3 = 596\,m^3$ $596 \cdot 2 = 1192$

Antwort: Man benötigt 1192 l Heizöl.

Denke daran:
Es gibt **sechs** mögliche Ergebnisse. **Ein** Ergebnis ist die Zahl 5. Die Wahrscheinlichkeit, eine 5 zu würfeln ist also $\frac{1}{6}$.

① **Susi würfelt mit einem Würfel.**

a) Wie groß ist die Wahrscheinlichkeit, ...

- die Zahl 5 zu würfeln? $\frac{1}{6}$
- eine ungerade Zahl zu würfeln? $\frac{1}{2}$
- eine gerade Zahl größer als 2 zu würfeln? $\frac{1}{3}$
- dass Susi eine Zahl würfelt, die durch 3 teilbar ist? $\frac{1}{3}$
- eine Zahl kleiner als 6 zu würfeln? $\frac{5}{6}$
- eine Zahl zu würfeln, die durch 2 teilbar ist? $\frac{1}{2}$
- eine ungerade Zahl kleiner als 4 zu würfeln? $\frac{1}{3}$
- eine ungerade Zahl größer als 3 zu würfeln? $\frac{1}{6}$
- dass Susi eine Zahl würfelt, die größer als 6 ist? 0

b) Unterstreiche: Was ist wahrscheinlicher?

- eine gerade Zahl größer als 2 **oder** ($\frac{1}{3}$)
  eine gerade Zahl kleiner als 4 zu würfeln ($\frac{1}{6}$)
- eine durch 3 teilbare Zahl **oder** ($\frac{1}{3}$)
  eine durch 6 teilbare Zahl zu würfeln ($\frac{1}{6}$)
- die Zahl 6 **oder** ($\frac{1}{6}$)
  eine gerade Zahl zu würfeln ($\frac{1}{2}$)
- eine ungerade Zahl größer als 4 **oder** ($\frac{1}{6}$)
  eine ungerade Zahl kleiner als 5 zu würfeln ($\frac{1}{3}$)
- eine gerade Zahl kleiner als 4 **oder** ($\frac{1}{6}$)
  eine ungerade Zahl größer als 2 zu würfeln ($\frac{1}{3}$)

② **Ein Glücksrad hat 12 gleich große Sektoren. Berechne die Wahrscheinlichkeiten.**

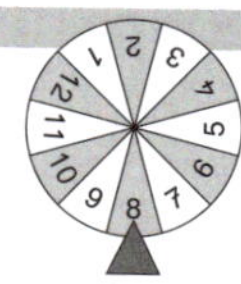

Wie hoch ist die Wahrscheinlichkeit, dass der Pfeil ...

- auf eine durch 3 teilbare Zahl zeigt? $\frac{4}{12} = \frac{1}{3}$
- auf eine gerade Zahl zeigt? $\frac{1}{2}$
- auf eine durch 4 teilbare Zahl zeigt? $\frac{3}{12} = \frac{1}{4}$
- auf eine ungerade Zahl zeigt? $\frac{1}{2}$
- auf eine Zahl zeigt, die nicht durch 6 teilbar ist? $\frac{10}{12} = \frac{5}{6}$
- auf eine Zahl größer als 5 zeigt? $\frac{7}{12}$
- auf eine Zahl kleiner als 10 zeigt? $\frac{9}{12} = \frac{3}{4}$

3 **Auf diesem Glücksrad fehlen die Zahlen. Wähle die Zahlen so, dass die Aussagen stimmen.**

Manche Zahlen kommen mehrmals vor.

Die Wahrscheinlichkeit, dass der Pfeil ...

- auf eine durch 5 teilbare Zahl zeigt, ist $\frac{7}{7}$.
- auf eine Zahl kleiner als 5 oder größer als 20 zeigt, ist 0.
- auf die Zahl 5 zeigt, ist $\frac{1}{7}$.
- auf eine gerade Zahl zeigt, ist genauso groß wie die Wahrscheinlichkeit, dass der Pfeil auf eine durch 3 teilbare Zahl zeigt.
- auf ein Vielfaches von 4 zeigt, ist $\frac{2}{7}$.

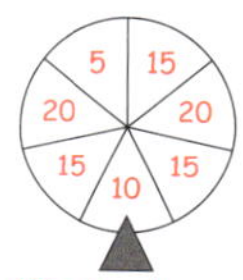

(Die Anordnung der Zahlen spielt keine Rolle.)

Die Saftfabrik Birnstiel hat einen neuen Edelstahltank in Form eines Quaders:

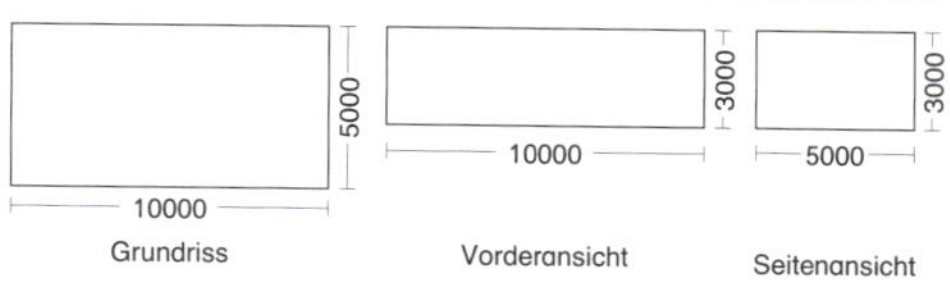

(alle Maße in mm)

① Berechne das Volumen in m^3 und in l.

Länge: 10000 mm = 10 m $\quad V_{Qu} = a \cdot b \cdot c$
Breite: 5000 mm = 5 m $\quad V = 10\,m \cdot 5\,m \cdot 3\,m$
Höhe: 3000 mm = 3 m $\quad V = 150\,m^3$
$= 150000\,l$

Antwort: Der Tankinhalt beträgt 150 m^3. Das sind 150 000 l.

② Firma Birnstiel füllt ihre Getränke in $\frac{1}{2}$-l- oder in $\frac{3}{4}$-l-Flaschen ab. Wie viele $\frac{1}{2}$-l-Flaschen ($\frac{3}{4}$-l-Flaschen) können mit dem Tankinhalt gefüllt werden?

$150000 : \frac{1}{2} = \frac{150000 \cdot 2}{1} = 300000$

$150000 : \frac{3}{4} = \frac{150000 \cdot 4}{3} = 200000$ (gekürzt: 50000 / 1)

Antwort: Man kann 300 000 $\frac{1}{2}$-l-Flaschen oder 200 000 $\frac{3}{4}$-l-Flaschen füllen.

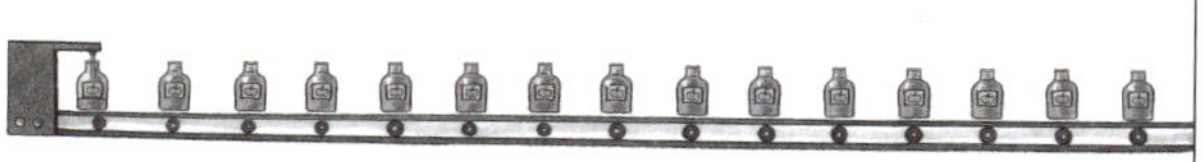

③ Zeichne ein Schrägbild des Tanks im Maßstab 1 : 200.

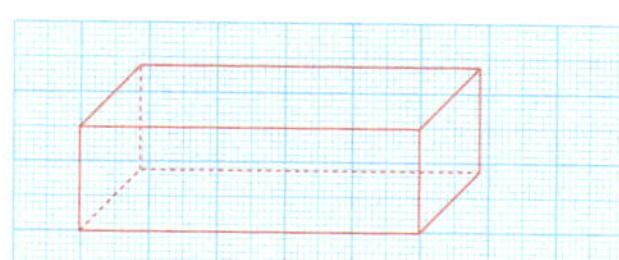

Denke daran: Linien „nach hinten" zeichnest du im 45°-Winkel und mit halber Länge.

④ Wie viele m^2 Blech wurden für den Tank verbaut?

$O = 2 \cdot a \cdot b + 2 \cdot a \cdot c + 2 \cdot b \cdot c$
$O = 2 \cdot 10\,m \cdot 5\,m + 2 \cdot 10\,m \cdot 3\,m + 2 \cdot 5\,m \cdot 3\,m$
$O = 100\,m^2 + 60\,m^2 + 30\,m^2$
$O = 190\,m^2$

Antwort: Es wurden 190 m^2 Blech verbaut.

⑤ Wie schwer ist der leere Tank, wenn ein Quadratmeter Edelstahlblech (5 mm dick) etwa 40 kg wiegt?

$190 \cdot 40\,kg = 7600\,kg$

Antwort: Das Leergewicht beträgt 7 600 kg.

6 Angenommen, der Tank sollte bei gleicher Grundfläche 280 m^3 Volumen besitzen, wie hoch müsste er sein?

$280\,m^3 : 50\,m^2 = 5{,}6\,m$

Antwort: Der Tank müsste dann 5,6 m hoch sein.

Auf der Baustelle

Male Helme und Kleidung in den richtigen Farben an und ergänze die Namen der Arbeiter und ihrer Firma.

- Anton arbeitet nicht für Maler Maier. Er trägt keinen grauen Helm, aber weiße Kleidung.
- Bernd arbeitet nicht für Baugeschäft Bauer, ist nicht der unterste und trägt nicht die grüne Kleidung.
- Chris trägt nicht die blaue Kleidung. Er arbeitet direkt über Anton und ist bei Elektro-Engel beschäftigt.
- Der Arbeiter mit dem roten Helm ist direkt über dem mit dem gelben Helm.

Mein Tipp:
Beginne immer mit einem kleinen Quadrat, das nur wenige Lücken hat.

So geht es:
In jedem der neun Quadrate müssen alle Zahlen von 1 bis 9 einmal stehen. In jeder ganzen Zeile und in jeder Spalte darf jede Zahl von 1 bis 9 jeweils nur einmal erscheinen.
Arbeite mit Bleistift!

7	5	1	4	9	2	6	8	3
6	3	2	1	5	8	4	7	9
8	4	9	6	7	3	2	1	5
4	9	7	8	2	5	1	3	6
1	8	3	9	6	7	5	2	4
2	6	5	3	4	1	7	9	8
5	1	8	2	3	6	9	4	7
9	2	6	7	8	4	3	5	1
3	7	4	5	1	9	8	6	2

5	4	1	9	2	8	7	6	3
2	6	3	1	4	7	8	5	9
8	7	9	6	5	3	4	1	2
1	8	5	7	3	6	9	2	4
7	9	4	5	1	2	6	3	8
3	2	6	8	9	4	5	7	1
4	5	7	2	8	1	3	9	6
9	3	2	4	6	5	1	8	7
6	1	8	3	7	9	2	4	5

7	6	3	5	2	1	8	4	9
9	2	8	3	6	4	7	1	5
1	5	4	9	7	8	6	2	3
3	8	7	2	9	6	4	5	1
4	9	5	1	3	7	2	6	8
2	1	6	8	4	5	9	3	7
8	7	2	6	1	3	5	9	4
6	4	1	7	5	9	3	8	2
5	3	9	4	8	2	1	7	6

3	8	6	2	4	9	5	1	7
9	7	5	1	3	8	4	2	6
4	2	1	5	7	6	8	9	3
1	5	3	8	9	7	6	4	2
8	9	7	6	2	4	1	3	5
6	4	2	3	5	1	9	7	8
2	1	8	9	6	3	7	5	4
7	3	9	4	8	5	2	6	1
5	6	4	7	1	2	3	8	9

4	5	6	1	9	2	8	3	7
9	2	3	7	6	8	4	1	5
1	7	8	5	3	4	6	2	9
6	8	2	3	4	9	7	5	1
3	4	7	6	1	5	9	8	2
5	1	9	2	8	7	3	4	6
2	6	4	8	7	1	5	9	3
7	9	5	4	2	3	1	6	8
8	3	1	9	5	6	2	7	4

$1\,000\ cm^3 = 1\ l$

Sarah und Lisa haben die Backformen ihrer Mutter ausgemessen.

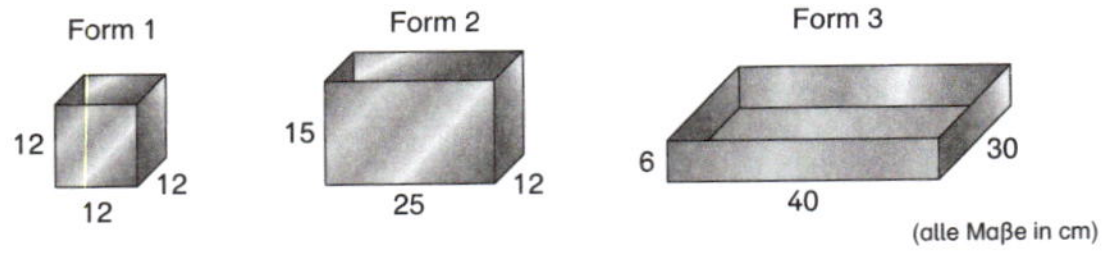

(alle Maße in cm)

1 Berechne jeweils das Volumen der Formen in cm^3 und in l.

Form 1:
$V = a \cdot a \cdot a$
$V = 12 \cdot 12 \cdot 12$
$V = 1728\ cm^3$
$= 1{,}728\ l$

Form 2:
$V = a \cdot b \cdot c$
$V = 25 \cdot 12 \cdot 15$
$V = 4500\ cm^3$
$= 4{,}500\ l$

Form 3:
$V = a \cdot b \cdot c$
$V = 40 \cdot 30 \cdot 6$
$V = 7200\ cm^3$
$= 7{,}200\ l$

2 Wie groß ist die Oberfläche eines Kuchens, der die jeweilige Form voll ausfüllt?

Form 1:
$O = 6 \cdot a \cdot a$
$O = 6 \cdot 12\ cm \cdot 12\ cm$
$O = 864\ cm^2$

Form 2:
$O = 2 \cdot a \cdot b + 2 \cdot a \cdot c + 2 \cdot b \cdot c$
$O = 2 \cdot 25\ cm \cdot 12\ cm + 2 \cdot 25\ cm \cdot 15\ cm + 2 \cdot 12 \cdot 15\ cm$
$O = 600\ cm^2 + 750\ cm^2 + 360\ cm^2$
$O = 1710\ cm^2$

Form 3:
$O = 2 \cdot a \cdot b + 2 \cdot a \cdot c + 2 \cdot b \cdot c$
$O = 2 \cdot 40\ cm \cdot 30\ cm + 2 \cdot 40\ cm \cdot 6\ cm + 2 \cdot 30\ cm \cdot 6\ cm$
$O = 2400\ cm^2 + 480\ cm^2 + 360\ cm^2$
$O = 3240\ cm^2$

3 a) Die Mädchen machen einen Kuchenteig, füllen damit Form 1 voll und stellen beim Backen fest, dass der Kuchen um 6 cm aus der Form hinauswächst. Berechne den Anteil des ganzen Kuchens, der nicht mehr in die Form passte

Die Grundfläche ist gleich, also betrachte ich nur die Höhen.

Höhe des Kuchens insgesamt: 18 cm

Anteil, der nicht in die Form passt: $\frac{6\ cm}{18\ cm} = \frac{1}{3}$

Antwort: $\frac{1}{3}$ des Kuchens schaute aus der Form heraus.

b) Wie hoch dürfte man den gleichen Teig in die 3 Formen einfüllen, damit die Kuchen beim Aufgehen zwar die Form ausfüllen, aber nicht darüber hinauswachsen?

Wenn $\frac{1}{3}$ zu viel war, nehme ich eben nur $\frac{2}{3}$ der Kuchenhöhe.

Form 1: $\frac{2}{3} \cdot 12\ cm = \frac{2 \cdot \cancel{12}^4}{\cancel{3}_1}\ cm = 8\ cm$

Form 2: $\frac{2}{3} \cdot 15\ cm = \frac{2 \cdot \cancel{15}^5}{\cancel{3}_1}\ cm = 10\ cm$

Form 3: $\frac{2}{3} \cdot 6\ cm = \frac{2 \cdot \cancel{6}^2}{\cancel{3}_1}\ cm = 4\ cm$

Antwort: In Form 1 dürfen 8 cm Teig eingefüllt werden, in Form 2 10 cm und in Form 3 4 cm.

Sachaufgaben-Mix

1 Der Gepard legt 400 m in 14 Sekunden zurück, das Pferd braucht für 500 m 22 Sekunden. Der Fächerfisch schafft in 32 Sekunden 1 km und der Vogel Strauß in 12 Sekunden 200 m.

a)

	Gepard	Pferd	Fächerfisch	Strauß
1 km	35 s	44 s	32 s	60 s
500 m	17,5 s	22 s	16 s	30 s
400 m	14 s	17,6 s	12,8 s	24 s
200 m	7 s	8,8 s	6,4 s	12 s
100 m	3,5 s	4,4 s	3,2 s	6 s

b) Ordne die Tiere nach der Schnelligkeit. Beginne mit dem schnellsten.

Fächerfisch, Gepard, Pferd, Strauß

c) Usain Bolt bekam bei der Leichtathletik-WM 2013 für seinen 100-m-Lauf die Goldmedaille. Er schaffte die 100 m in 9,77 Sekunden.
Wievielmal so schnell müsste Usain Bolt ungefähr laufen, um so schnell wie das schnellste Tier zu sein?

3,2 s · 3 = 9,6 s

Antwort: Usain Bolt müsste ungefähr 3-mal so schnell sein.

2 Im Ferienlager können die 50 Jugendlichen auswählen, was sie unternehmen wollen. 26 wandern und 35 baden. Vier Kinder bleiben im Lager und spielen Karten. Wie viele Jugendliche machen beides: wandern und baden?

50 − 4 = 46

26 + 35 = 61

61 − 46 = 15

Antwort: 15 Jugendliche machen beides.

3 Am Tag nach einer Schuldisko sollen 5 Schüler aufräumen. Sie würden dazu 2 Stunden brauchen. Zum verabredeten Termin erscheinen aber nur 4 Kinder. Wie lange werden sie nun brauchen?

5 Schüler → 2 h   1 Schüler → 10 h   4 Schüler → 2,5 h

Antwort: Sie werden 2,5 Stunden brauchen.

4 Anton hat eine Tüte Gummibären. Seiner großen Schwester gibt er ein Drittel davon, seinem kleinen Bruder gibt er nur halb so viel wie seiner Schwester. Er selbst hat am Ende 54 Gummibären übrig. Wie viele Gummibären waren in der Tüte?

$\frac{1}{3} + \frac{1}{6} = \frac{3}{6} = \frac{1}{2}$ → 54 Gummibären

54 · 2 = 108

Antwort: In der Tüte waren 108 Gummibären.

5 In einer Bundesligasaison wurden 80 Elfmeter von den Schiedsrichtern gegeben. Ein Achtel davon wurde von den ausführenden Fußballern verschossen. Wie viele Elfmeter landeten im Tor?

$\frac{1}{8} \cdot 80 = 10$ $80 - 10 = 70$

Antwort: 70 Elfmeter landeten im Tor.

6 **Zum Knobeln**

Schritt 1: In jede Waagschale 3 Münzen legen.
- Ist die Waage im Gleichgewicht, befindet sich die falsche Münze unter den 3 Münzen, die nicht in den Waagschalen liegen.
- Ist die Waage nicht im Gleichgewicht, befindet sich die falsche Münze in der leichteren Waagschale.

Schritt 2: Von den 3 Münzen, unter denen sich die falsche Münze befindet, je eine in jede Waagschale legen.
- Ist die Waage im Gleichgewicht, ist die übrige Münze die falsche.
- Ist die Waage nicht im Gleichgewicht, liegt die falsche Münze in der leichteren Schale.

Sachaufgaben mit Brüchen

1 Susi spart im Monat $\frac{1}{4}$ ihres Taschengeldes.
Für Tennisstunden zahlt sie $\frac{2}{5}$ ihres Taschengeldes dazu.

a) Welcher Anteil des Taschengeldes bleibt ihr für Zeitschriften und Süßigkeiten übrig?

Antwort: $\frac{7}{20}$ bleiben Susi für Zeitschriften und Süßigkeiten.

b) Wie hoch könnte Susis Taschengeld sein, wenn sie nur ganze Euro-Beträge spart und ausgibt und die Höhe des Taschengeldes unter 30 € liegt?

Antwort: Ihr Taschengeld könnte 20 € betragen.

2 Lisa gibt von ihrem wöchentlichen Taschengeld $\frac{1}{4}$ für Zeitschriften und $\frac{5}{8}$ für ihr Handy aus. Vom Taschengeld der letzten Woche hat sie noch $\frac{1}{8}$ übrig. Den wievielten Teil des wöchentlichen Taschengeldes muss sie von Papa für die Gartenarbeit bekommen, damit sie sich einen Kinobesuch leisten kann, der die Hälfte ihres wöchentlichen Taschengeldes kostet?

Antwort: Lisa muss $\frac{1}{4}$ ihres wöchentlichen Taschengeldes bekommen.

3 Franzi, Martin und Bernhard kaufen sich zusammen einen Fußball. Franzi bezahlt $\frac{1}{4}$ des Preises, Martin bezahlt $\frac{1}{12}$ mehr als Franzi. Bernhard bezahlt den Rest.

a) Welchen Anteil bezahlt Bernhard? Bernhard bezahlt $\frac{5}{12}$.

b) Wer bezahlt am meisten? Bernhard bezahlt am meisten.

c) Berechne, wie viel € jeder bezahlt, wenn der Fußball 30 € kostet.

Antwort: Franzi zahlt 7,50 €, Martin zahlt 10 € und Bernhard 12,50 €.

1 a) $1 - \frac{1}{4} - \frac{2}{5} = \frac{20}{20} - \frac{5}{20} - \frac{8}{20} = \frac{7}{20}$

2) $1\frac{1}{8} - \frac{1}{4} - \frac{5}{8} = \frac{9}{8} - \frac{2}{8} - \frac{5}{8} = \frac{2}{8} = \frac{1}{4}$ $\frac{1}{4} + \frac{1}{4} = \frac{1}{2}$

3 a) $1 - \frac{1}{4} - \left(\frac{1}{4} + \frac{1}{12}\right) = \frac{5}{12}$ 3 b) $\frac{1}{4} < \frac{4}{12} < \frac{5}{12}$

4 Astrid Schleckermaul hat Geburtstag. Auf dem Tisch steht eine leckere Himbeertorte.

Wie viel von dem Kuchen bekommt Astrid?

Antwort: Astrid bekommt $\frac{1}{6}$ des Kuchens.

5 Toni hat zu seinem Geburtstag 11 Freunde eingeladen. Es gibt kalten Früchtepunsch. Das Rezept hat er aus dem Hauswirtschaftsunterricht. Schon beim Zubereiten kommt er ins Schwitzen: „So viele gemischte Zahlen …“

> Mische $1\frac{1}{2}$ l Orangensaft und $1\frac{1}{4}$ l Apfelsaft mit $\frac{3}{4}$ l Johannisbeersaft. Dazu gibt man noch $\frac{1}{8}$ l Birnensaft und $\frac{1}{4}$ l Maracujasaft. Fülle das Ganze mit $2\frac{1}{8}$ l Früchtetee auf.

a) Wie viele Liter Punsch erhält Toni mit diesem Rezept?

Antwort: Es sind insgesamt 6 l Punsch.

b) Wie viele Liter Punsch kann jeder trinken?

Antwort: Jeder kann 0,5 l Punsch trinken.

4) $1 - \frac{1}{3} - \frac{1}{4} - \frac{1}{4} = \frac{12}{12} - \frac{4}{12} - \frac{3}{12} - \frac{3}{12} = \frac{2}{12} = \frac{1}{6}$

5 a) $1\frac{1}{2} + 1\frac{1}{4} + \frac{3}{4} + \frac{1}{8} + \frac{1}{4} + 2\frac{1}{8} =$

$= \frac{12}{8} + \frac{10}{8} + \frac{6}{8} + \frac{1}{8} + \frac{2}{8} + \frac{17}{8} = \frac{48}{8} = 6$

5 b) $\frac{6}{12}$ l $= \frac{1}{2}$ l

1 Eine Familie hat im letzten Monat 1 800 € ausgegeben. Für Lebensmittel und das Auto gab sie zusammen so viel aus wie für die Wohnung (Miete, Heizung, Strom). Die sonstigen Ausgaben betrugen 400 €.
Wie hoch waren die Ausgaben für die Wohnung?

Ausgaben für
Wohnung: x
Auto/Lebensmittel: x
Sonstiges: 400

$x + x + 400 = 1800$

$x = 700$

Antwort: Die Ausgaben für die Wohnung betrugen 700 €.

2 Thomas gab im letzten Monat von seinen 25 € Taschengeld doppelt so viel für Musik aus wie für Kinobesuche. Für sonstige Ausgaben blieben ihm 7 €.
Wie viel gab er jeweils für Kino und Musik aus?

Ausgaben für
Kino: x
Musik: 2 x
Sonstiges: 7

$x + 2x + 7 = 25$

$x = 6$

Antwort: Thomas gab 6 € fürs Kino und 12 € für Musik aus.

3 Die Reparatur einer Waschmaschine kostete 175 €.
Die Ersatzteile waren viermal so teuer wie die Anfahrt.
Die Lohnkosten betrugen die Hälfte der Ersatzteilkosten.
Wie teuer waren die einzelnen Posten?

Kosten für
Anfahrt: x
Ersatzteile: 4 x
Lohn: 2 x

$x + 4x + 2x = 175$

$x = 25$

Antwort: Die Kosten für die Anfahrt betrugen 25 €, die Ersatzteile kosteten 100 € und der Lohn betrug 50 €.

Setze die Muster fort.

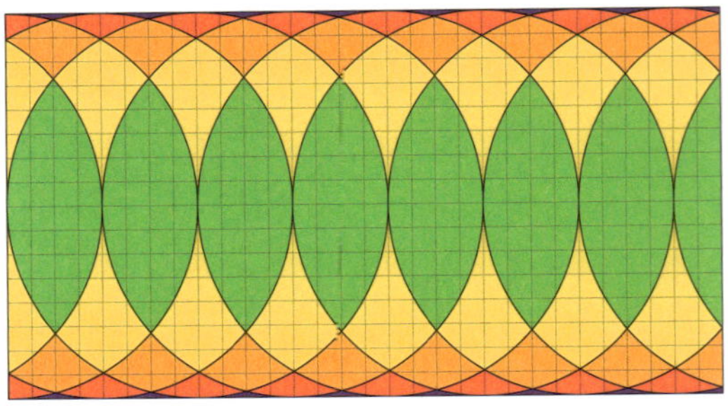

1 **Uli zieht mit verbundenen Augen eine Kugel.**

Wie groß ist die Wahrscheinlichkeit, dass ...

- eine rote Kugel gezogen wird? $\frac{2}{10} = \frac{1}{5}$
- eine gelbe Kugel gezogen wird? $\frac{3}{10}$
- eine grüne Kugel gezogen wird? $\frac{4}{10} = \frac{2}{5}$
- eine blaue Kugel gezogen wird? $\frac{1}{10}$

2 **In einem Gefäß liegen insgesamt 20 Kugeln.**

a) Wie viele Kugeln in der Schale müssen rot sein, damit die Wahrscheinlichkeit, eine rote Kugel zu ziehen, $\frac{3}{5}$ beträgt? Färbe. (12)

b) Wie viele Kugeln müssen gelb sein, damit die Wahrscheinlichkeit, eine gelbe Kugel zu ziehen, $\frac{1}{4}$ beträgt? Färbe. (5)

c) Die restlichen Kugeln sind blau.
Mit welcher Wahrscheinlichkeit wird eine blaue Kugel gezogen?

Antwort: Die Wahrscheinlichkeit, eine blaue Kugel zu ziehen, ist $\frac{3}{20}$.

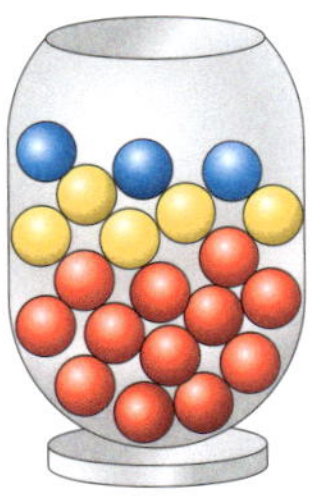

(Die Anordnung der Kugeln spielt keine Rolle.)

1 In einem Terrarium befinden sich Spinnen und Heuschrecken.
Wie viele sind es jeweils, wenn man 18 Köpfe und 122 Beine zählt?

Antwort: Im Terrarium sind 11 Heuschrecken und 7 Spinnen.

2 Opa sagt: „Wäre ich halb so alt, so wäre ich 5 Jahre jünger als dein Vater, der 36 ist." Wie alt ist Opa?

Antwort: Opa ist 62 Jahre alt.

3 Beim Schulausflug müssen alle Kinder beim Überqueren einer Brücke hintereinander gehen. Uli geht an 7. Stelle. Hinter ihm gehen dreimal so viele Kinder wie vor ihm.
Wie viele Kinder sind auf der Brücke?

Antwort: Es sind 25 Kinder auf der Brücke.

4 An der Kinokasse hat sich eine Menschenschlange gebildet. Anna zählt einschließlich sich selbst 73 Leute. Es stehen doppelt so viele vor ihr wie hinter ihr. An welcher Stelle steht Anna?

Antwort: Anna steht an 49. Stelle.

5 Carina kauft Zeitschriften für 6,60 €. Sie bezahlt mit vier der abgebildeten Münzarten und legt jeweils die gleiche Anzahl davon auf den Kassentisch.
Wie viele nimmt sie von welchen Münzarten?

Antwort: Sie bezahlt mit je vier 1-€-, 50-ct-, 10-ct- und 5-ct-Münzen.

1 a) Aus einem Wasserhahn laufen in 1 Minute 10 Liter Wasser. Ergänze die Wertetabelle.

Zeit (min)	1	2	4	6
Liter	10	20	40	60

Trage die Wertepaare in das Gitternetz ein und verbinde sie mit blauer Farbe.

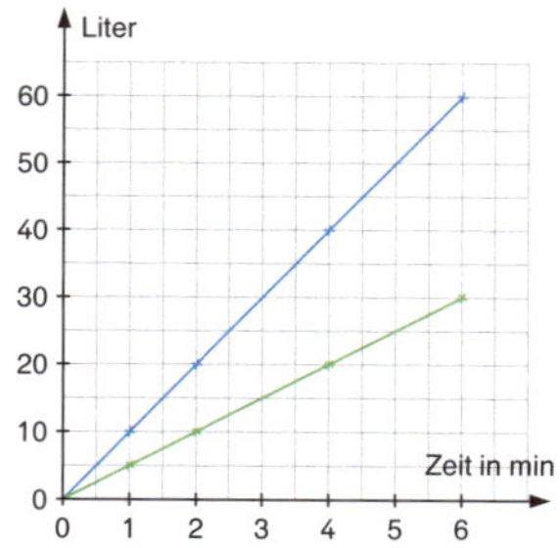

b) Ergänze folgende Sätze. Lies dazu die entsprechenden Werte aus dem Diagramm ab.

- Ein Fass mit 25 l Inhalt ist nach $2\frac{1}{2}$ Minuten voll.
- Nach 3 Minuten sind 30 Liter Wasser ausgelaufen.
- In $4\frac{1}{2}$ Minuten laufen 45 Liter aus.

c) Ergänze die Wertetabelle für einen anderen Wasserhahn, aus dem in 2 Minuten 10 Liter auslaufen. Trage die Wertepaare in das Gitternetz ein und verbinde sie mit grüner Farbe.

Zeit (min)	1	2	4	6
Liter	5	10	20	30

d) Ergänze folgende Sätze. Lies dazu die entsprechenden Werte aus dem Diagramm ab (grüne Linie).

- Ein Fass mit 25 l Inhalt ist nach 5 Minuten voll.
- Nach 3 Minuten sind 15 Liter Wasser ausgelaufen.
- In $4\frac{1}{2}$ Minuten laufen $22\frac{1}{2}$ Liter aus.

2 Herr Bauer tankt 50 l Diesel und bezahlt dafür 75 €.

a) Ergänze die Wertetabelle und zeichne ins Gitternetz.

Liter	50	10	40
Preis (€)	75	15	60

b) Lies aus dem Diagramm ab, wie viel 20 l, 30 l, 35 l kosten.

20 l kosten 30 €

30 l kosten 45 €

35 l kosten 52,50 €

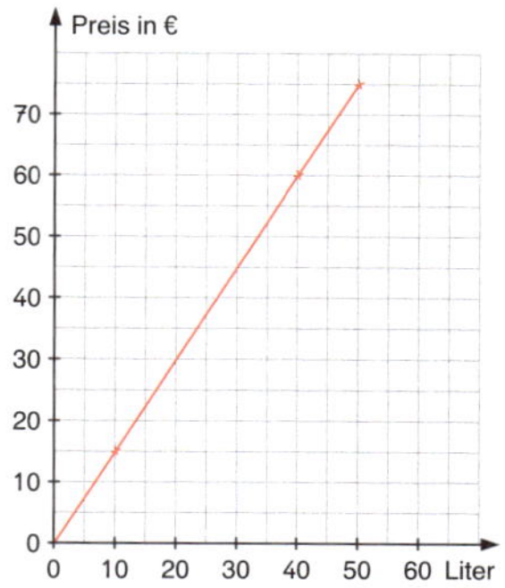

Aus dem Diagramm kannst du nur für Zehnerzahlen genaue Ergebnisse ablesen. Willst du andere Werte ermitteln, musst du sie berechnen.

Wenn	50 Liter	75 € kosten,	
dann kostet	1 Liter	75 € : 50 =	1,50 €
und	x Liter	kosten x ·	1,50 €

: 50	50 l	75 €	: 50
· x	1 l	1,50 €	· x
	x l	x · 1,50 €	

c) 26 l kosten 26 · 1,50 € = 39 € 44 l kosten 44 · 1,50 € = 66 €

35 l kosten 35 · 1,50 € = 52,50 € 58 l kosten 58 · 1,50 € = 87 €

3 Frau Jung kaufte auf dem Wochenmarkt 6 kg Äpfel und bezahlte dafür 9,60 €. Frau Klein kaufte 5 kg Äpfel beim gleichen Händler. Wie viel musste sie bezahlen?

6 kg → 9,60 €
1 kg → 1,60 €
5 kg → 8,00 €

Antwort: Frau Jung musste für 5 kg Äpfel 8 € bezahlen.

1 In der Schulküche werden Semmelknödel für die Ganztagesklassen zubereitet. Das Rezept ist für 4 Personen. Welche Menge benötigt man von den jeweiligen Zutaten, wenn für 48 Schüler gekocht wird?

Semmelknödel
8 Semmeln
375 ml Milch
20 g Speck, geräuchert
1 kleine Zwiebel
$\frac{1}{2}$ Bund Petersilie
4 Eier
3 g Salz

· 12

Menge für 4 Personen		Menge für 48 Personen
Semmeln:	8 · 12 =	96
Milch:	375 ml · 12 =	4500 ml = 4,5 l
Speck:	20 g · 12 =	240 g
Zwiebeln:	1 · 12 =	12
Petersilie:	$\frac{1}{2}$ · 12 =	6 (Bund)
Eier:	4 · 12 =	48
Salz:	3 g · 12 =	36 g

2 Ralf, Simon und Joachim kaufen zusammen eine Spindel DVDs zum Preis von 7,50 €. Sie teilen die 25 DVDs auf: Ralf nimmt 10 DVDs, Simon 8, den Rest nimmt Joachim. Wie viel hat jeder zu bezahlen?

25 DVDs → 750 ct
1 DVD → 30 ct
10 DVDs → 300 ct
8 DVDs → 240 ct
7 DVDs → 210 ct

Antwort: Ralf muss 3 € bezahlen, Simon 2,40 € und Joachim 2,10 €.

3 Auf einer Seilrolle sind 50 m Seil. Die ganze Rolle kostet 12,50 €. Wie viel kosten 12 m Seil, wie viel kosten 20 m Seil?

50 m → 1250 ct
1 m → 25 ct
12 m → 300 ct
20 m → 500 ct

Antwort: 12 m Seil kosten 3 €, 20 m Seil kosten 5 €.

4 Bauer Huber hält auf 30 ha Weideland 75 Kühe mit ihren Kälbern. Er will zusätzlich 12 ha Weidefläche pachten. Für wie viele Kühe mit Kälbern ist diese Weidefläche ausreichend?

30 ha → 75 (Kühe/Kälber)
1 ha → 2,5
12 ha → 30

Antwort: Die zusätzliche Weidefläche reicht für 30 Kühe mit Kälbern.

5 Bauer Kolb baut auf 90 ha Ackerfläche Weizen an und erzielt einen durchschnittlichen Jahresertrag von 630 t.

a) Er beschließt, auf 35 ha keinen Weizen mehr anzubauen. Um wie viel verringert sich sein Ernteertrag?

90 ha → 630 t
1 ha → 7 t
35 ha → 245 t

Antwort: Der Ernteertrag von Weizen verringert sich um 245 t.

b) Statt des Weizens baut er auf dieser Fläche Mais an. Mit welcher durchschnittlichen Ernte kann er rechnen, wenn bei 50 ha Ackerland eine Maisernte von 450 t zu erwarten ist?

50 ha → 450 t
1 ha → 9 t
35 ha → 315 t

Antwort: Er kann mit einer Ernte von 315 t rechnen.

c) Um wie viel € erhöhen/verringern sich seine Einnahmen, wenn der Marktpreis für Weizen bei 200 € pro t, der Preis für Mais bei 170 € pro t liegt?

245 · 200 € = 49000 €
315 · 170 € = 53550 €
53550 € − 49000 €
= 4550 €

Antwort: Seine Einnahmen erhöhen sich um 4 550 €.

Magische Sterne

1 Jeder Stern besteht aus 12 Zahlen. Jede Zahl kommt nur einmal vor. Die **kleinste** und die **größte** Zahl sind jeweils grün. Ergänze die Sterne so, dass die Summe der 4 Zahlen auf jeder Linie gleich ist.

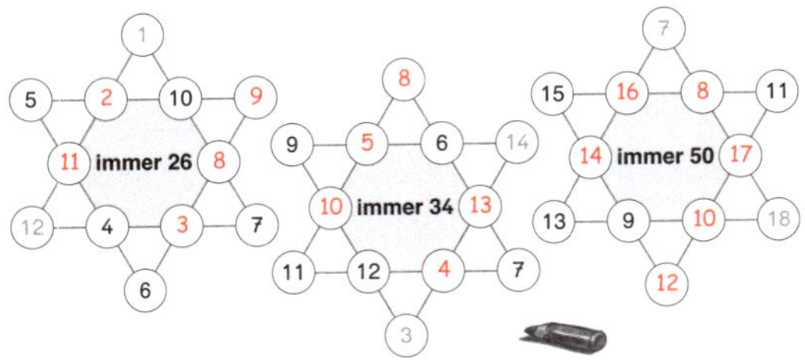

2 Jeder Stern besteht aus 14 Zahlen. Jede Zahl kommt nur einmal vor. Die **kleinste** und die **größte** Zahl sind jeweils blau. Ergänze die Sterne so, dass die Summe der 4 Zahlen auf jeder Linie gleich ist.

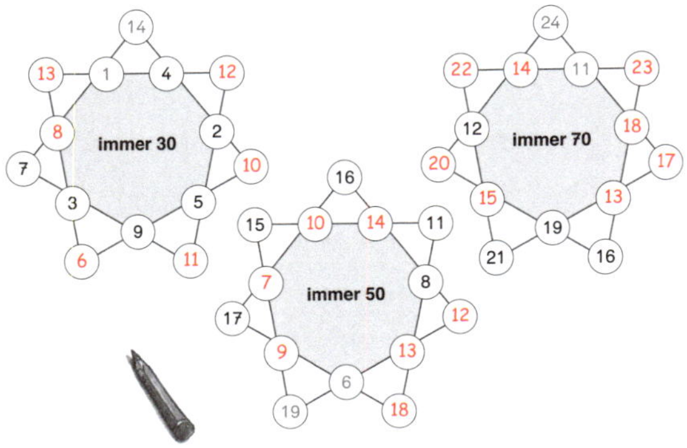

Kombinatorik

1 Bei Familie Schmid gibt es jeden Abend Streit ums Fernsehprogramm. Papa will Nachrichten sehen, Mama eine Quizsendung, Tom die Sportschau und Mimi einen Krimi.
Sie beschließen, jeden Abend mit Hilfe von drei Euro-Münzen zu entscheiden, welches Fernsehprogramm ausgewählt wird. Alle 3 Münzen werden gleichzeitig geworfen und es sollen folgende Regeln gelten:

Alle drei Münzen zeigen eine Zahl.	Sport
Nur zwei Münzen zeigen eine Zahl.	Quiz
Nur eine Münze zeigt eine Zahl.	Nachrichten
Keine Münze zeigt eine Zahl.	Krimi

a) Zeichne oder schreibe die Lösungsmöglichkeiten auf.

Sport: ZZZ
Quiz: ZZW ZWZ WZZ
Nachrichten: ZWW WZW WWZ
Krimi: WWW

b) Wer ist im Vorteil? Begründe.

Mama und Papa sind im Vorteil, da die Wahrscheinlichkeit für Quiz und Nachrichten jeweils $\frac{3}{8}$ beträgt. Die Wahrscheinlichkeit für Sport und Krimi liegt aber nur bei jeweils $\frac{1}{8}$.

Mit Größen rechnen: Gewicht und Geld

Ein Jahr mit Kater Mikki

1 Herr Bauer hat seinem Sohn Tom einen kleinen Kater geschenkt. Als Tom ihn bekam, wog Mikki 800 g. Nach einem Monat hatte der Kater sein Abholgewicht bereits verdoppelt.

a) Wie viel nahm Mikki durchschnittlich pro Woche zu?

Antwort: Pro Woche nahm Mikki durchschnittlich 200 g zu.

b) Wie viel hätte der Kater ein Jahr nach seinem Einzug gewogen, wenn er weiterhin jeden Monat sein Gewicht verdoppelt hätte?

Antwort: Nach einem Jahr hätte er 3 276,8 kg gewogen.

2 In Wirklichkeit wiegt der Kater nach einem Jahr aber nur 4 kg und 200 g. Er frisst täglich 3 Schalen Katzenfutter zu je 0,35 €. In einem Karton Futter sind 15 Schalen à 100 g Inhalt.

a) Wie viele Kartons Futter muss Herr Bauer für 1 Monat kaufen?

Antwort: Herr Bauer muss für einen Monat 6 Kartons Futter kaufen.

b) Wie viel kostet das Futter für ein Jahr (12 Monate)?

Antwort: Das Futter für ein Jahr kostet 378 €.

3 Obwohl Mikki auch gerne im Freien ist, benötigt er im Monat 20 l Katzenstreu. Die 10-l-Packung wiegt 3,75 kg und kostet 3,98 €.

a) Wie viel wiegt 1 l Katzenstreu?

Antwort: 1 l Katzenstreu wiegt 375 g.

b) Wie viel kostet die Katzenstreu für ein Jahr?

Antwort: Die Katzenstreu kostet 95,52 € im Jahr.

1 b) 1	→	1600 g	7	→	102400 g
2	→	3200 g	8	→	204800 g
3	→	6400 g	9	→	409600 g
4	→	12800 g	10	→	819200 g
5	→	25600 g	11	→	1638400 g
6	→	51200 g	12	→	3276800 g

4 Gleich am Anfang wurde Mikki gegen Tollwut, Katzenseuche und Katzenschnupfen geimpft. Das kostete insgesamt 30,48 €. Ferner mussten ein Kratzbaum für 49,99 €, ein Transportkorb für 21,98 € und eine Katzentoilette für 10,95 € angeschafft werden.
Wie hoch waren die Ausgaben für Impfung und Katzenausstattung insgesamt?

Antwort: Die Ausgaben betrugen 113,40 €.

5 Familie Bauer fuhr im Sommer für 2 Wochen in den Urlaub. Der Kater musste in eine Katzenpension, weil auch die Nachbarn in den Ferien unterwegs waren. Für 14 Tage mussten dafür 154 € bezahlt werden.
Wie viel kostete die Katzenpension pro Tag?

Antwort: Die Katzenpension kostete 11 € pro Tag.

6 Toms Freundin Emilie möchte auch eine Katze. Sie müsste dann aber jeden Monat ein Sechstel der Ausgaben für ihre Katze von ihrem Taschengeld bezahlen. Kratzbaum, Transportkorb und Katzentoilette könnte sie von Oma bekommen. Sie würde im Urlaub auch auf die Katze aufpassen.
Wie viel müsste Emilie jeden Monat durchschnittlich bezahlen?

Antwort: Emilie müsste jeden Monat 7 € bezahlen.

2 a) 3 · 30 = 90   90 : 15 = 6
b) 90 · 35 ct · 12 = 37800 ct = 378 €
3 a) 3,75 kg : 10 = 0,375 kg = 375 g
b) 3,98 € · 2 · 12 = 95,52 €
4) 30,48 € + 49,99 € + 21,98 € + 10,95 € = 113,40 €
5) 154 € : 14 = 11 €
6) (378 € + 95,52 € + 30,48 €) : 12 = 42 €
42 € : 6 = 7

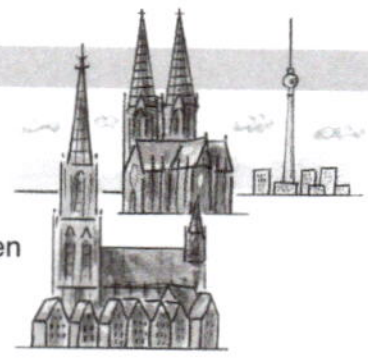

(1) Der Berliner Fernsehturm ist mit 368 m das höchste Bauwerk in Deutschland. Der Kölner Dom ist 4 m niedriger als das Ulmer Münster. Beide Türme zusammen sind 50 m niedriger als der Berliner Fernsehturm. Wie hoch sind die beiden Kirchtürme?

Fernsehturm: 368
Kölner Dom: x − 4
Ulmer Münster: x

$x - 4 + x = 368 - 50$
$2x - 4 = 318$
$x = 161$

Antwort: Das Ulmer Münster ist 161 m hoch, der Kölner Dom 157 m.

(2) Der längste Eisenbahntunnel in den Alpen (Lötschberg-Basistunnel) ist 3 km länger als der Tunnel der U-Bahn-Linie 7 in Berlin. Zusammen sind sie so lang wie der längste Eisenbahntunnel der Welt, der Guangzhou U-Bahn-Tunnel in China. Alle 3 Tunnel zusammen sind 134 km lang. Wie lang ist jeder Tunnel?

Lötschberg: x + 3
U 7 Berlin: x
Guangzhou: 2 x + 3

$x + 3 + x + 2x + 3 = 134$
$4x + 6 = 134$
$x = 32$

Antwort: Der Lötschberg-Tunnel ist 35 m lang, der Tunnel der U7 ist 32 km lang, der Guangzhou-Tunnel ist 67 km lang.

(3) Ein Autotransporter wiegt leer 10 t, beladen 20 400 kg. Er ist mit 5 Kombis und 3 Kleinwagen beladen. Ein Kombi ist doppelt so schwer wie ein Kleinwagen. Wie schwer sind die einzelnen Fahrzeuge?

Kombi: 2 x
Kleinwagen: x

$10000 + 5 \cdot 2x + 3x = 20400$
$10000 + 13x = 20400$
$x = 800$

Antwort: Ein Kombi wiegt 1600 kg, ein Kleinwagen 800 kg.

(4) Die erste Brücke über die Donau bei Donaueschingen und die letzte Brücke in Rumänien vor der Mündung ins Schwarze Meer sind zusammen 1 600 m lang. Die letzte Brücke ist 15-mal so lang wie die erste. Wie lang sind beide Brücken?

$x + 15x = 1600$
$16x = 1600$
$x = 100$

Donau-Brücke in Donaueschingen: 100 m (x) in Rumänien: 1 500 m (15 x)

(5) Die Bay Bridge in San Francisco ist 5 081 m kürzer als die Storebælts-Brücke in Dänemark. Die Rheinbrücke in Emmerich ist 7 517 m kürzer als die Bay Bridge. Zusammen haben alle drei Brücken eine Länge von 22 524 m. Wie lang sind die einzelnen Brücken?

$x + x + 5081 + x - 7517 = 22524$
$3x = 24960$
$x = 8320$

Bay Bridge: 8 320 m (x) Storebælts-Brücke: 13 401 m (x + 5 081) Rheinbrücke: 803 (x − 7 517)

(6) Die größte Schrägseilbrücke der Welt steht in Südfrankreich (Millau). Einer der beiden höchsten Pfeiler der Brücke ist 11 m höher, der andere 4 m niedriger als der Eiffelturm in Paris. Übereinandergestellt wären die beiden Pfeiler 655 m hoch. Wie hoch ist der Eiffelturm?

$x + 11 + x - 4 = 655$
$2x + 7 = 655$
$x = 324$

Antwort: Der Eiffelturm ist 324 m hoch.

Die Schülerzeitung einer Realschule führte in den 5. und 6. Klassen eine Umfrage bezüglich der Lieblingsfächer durch.

Trage hier ein, wie viele Schülerinnen und Schüler dieses Lieblingsfach haben.

Ergebnisse der 5. Klassen (60 Schülerinnen und Schüler):

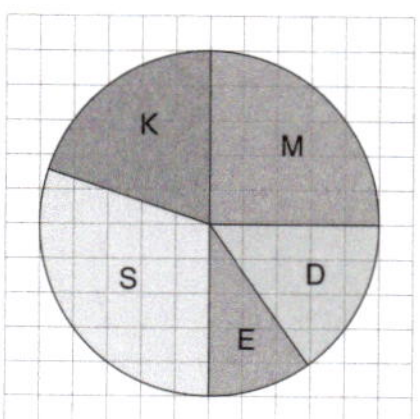

Lieblingsfach	absolute Häufigkeit	relative Häufigkeit
Mathematik	15	$\frac{15}{60} = \frac{1}{4}$
Deutsch	9	$\frac{9}{60} = \frac{3}{20}$
Englisch	6	$\frac{6}{60} = \frac{1}{10}$
Sport	18	$\frac{18}{60} = \frac{3}{10}$
Kunst	12	$\frac{12}{60} = \frac{1}{5}$
Summe	60	$\frac{60}{60} = 1$

Ergebnisse der 6. Klassen (48 Schülerinnen und Schüler):

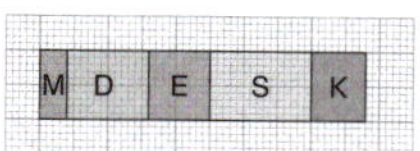

Lieblingsfach	absolute Häufigkeit	relative Häufigkeit
Mathematik	4	$\frac{4}{48} = \frac{1}{12}$
Deutsch	12	$\frac{12}{48} = \frac{1}{4}$
Englisch	9	$\frac{9}{48} = \frac{3}{16}$
Sport	15	$\frac{15}{48} = \frac{5}{16}$
Kunst	8	$\frac{8}{48} = \frac{1}{6}$
Summe	48	$\frac{48}{48} = 1$

(1) **Entnimm den beiden Diagrammen die Informationen zur absoluten Häufigkeit und trage sie in die Tabellen ein.**

(2) **Berechne in beiden Tabellen die relative Häufigkeit der Lieblingsfächer.**

(3) **Vergleiche die beiden Umfragen (relative Häufigkeit) miteinander. Kreuze an: richtig oder falsch?**

		richtig	falsch
• Sport wurde in beiden Klassenstufen jeweils am häufigsten als Lieblingsfach angegeben.		☒	☐
• Kunst ist in den 5. Klassen beliebter als in den 6. Klassen.	$(\frac{1}{5} > \frac{1}{6})$	☒	☐
• Englisch ist in beiden Klassenstufen gleich beliebt.	$(\frac{1}{10} \neq \frac{3}{16})$	☐	☒
• Mathematik ist in den 5. Klassen beliebter als Sport in den 6. Klassen.	$(\frac{1}{4} < \frac{5}{16})$	☐	☒
• In den 6. Klassen ist Deutsch genauso beliebt wie Mathematik in den 5. Klassen.	$(\frac{1}{4} = \frac{1}{4})$	☒	☐

(4) **Welche drei Fächer zusammen sind in den 5. Klassen genauso beliebt wie Englisch und Sport in den 6. Klassen?**

Mathematik, Deutsch und Englisch $(\frac{3}{16} + \frac{5}{16} = \frac{8}{16} = \frac{1}{2})$

Auf diesen Seiten findest du Tipps!

Seite 4/5, 18/19, 26/27

Löse die Aufgaben auf einem extra Blatt.

① Beim Sportfest der 5. und 6. Klassen hatte die Klasse 6 b den Getränkeverkauf übernommen. Es wurden 90 Flaschen mit je $\frac{3}{4}$ l Mineralwasser, 29 Flaschen mit je 0,7 l Zitronenwasser, 37 Flaschen mit je $\frac{1}{2}$ l Apfelschorle, 49 Becher Multivitamingetränk à 0,3 l und Eistee in 0,4-l-Bechern verkauft.
Wie viele Becher Eistee wurden verkauft, wenn insgesamt 135 l Getränke ausgegeben wurden?

Antwort: Es wurden 35 Becher Eistee verkauft.

② Beim Weitsprung erzielten die 72 Schüler der 6. Klassen folgende Ergebnisse:
$\frac{1}{24}$ der Schüler erzielte eine Weite von 4,35 m, $\frac{1}{12}$ sprang 4,15 m weit, $\frac{1}{9}$ schaffte 3,95 m, $\frac{1}{6}$ kam 3,80 m weit, $\frac{1}{8}$ erreichte 3,65 m, 7 Schüler sprangen 3,55 m weit, $\frac{1}{4}$ der Schüler erzielte eine Weite von 3,50 m, die restlichen Schüler hatten keinen gültigen Sprung.
Welche Weite wurde im Durchschnitt von jedem gewerteten Schüler erreicht?

Runde auf 2 Stellen hinter dem Komma.

Antwort: Im Durchschnitt wurde eine Weite von 3,74 m erreicht.

③ Beim Schulfest der Nordschule wurde bei Theateraufführungen, beim Bücherflohmarkt, beim Kuchen- und Getränkeverkauf und durch Spenden ein Gewinn von insgesamt 840 € erzielt.
Für $\frac{1}{6}$ davon sollen Tischtennisschläger und Bälle gekauft werden, für $\frac{2}{7}$ des Betrages sollen neue Gläser für die Mensa angeschafft werden, $\frac{1}{4}$ erhält die Theater-AG für neue Kostüme, $\frac{1}{8}$ bekommt die Schulgarten-AG für neue Pflanzen und Samen und mit dem Rest soll die Schülerbücherei aufgestockt werden.
Wie viel Geld steht für welche Aktion zur Verfügung?

Antwort: Für 140 € werden Tischtennisschläger und Bälle gekauft, für 240 € neue Gläser angeschafft, 210 € erhält die Theater-AG, 105 € bekommt die Schulgarten-AG und 145 € die Schülerbücherei.

④ Der Campingplatz am See verfügt über 480 Plätze. Am ersten Ferienwochenende sind alle Plätze belegt: $\frac{1}{4}$ mit Zelten, $\frac{1}{3}$ mit Wohnwagen, $\frac{3}{8}$ mit Wohnmobilen und die restlichen Plätze mit Dauercampern.
Wie viele Plätze sind jeweils mit Zelten, Wohnwagen, Wohnmobilen und Dauercampern belegt?

Antwort: 120 Plätze sind mit Zelten, 160 mit Wohnwagen, 180 mit Wohnmobilen und 20 mit Dauercampern belegt.

Runde immer auf ganze Zahlen.

⑤ An einem sonnigen Sommertag beförderte die untere Kabinenbahn am Fellhorn in Oberstdorf rund 1 600 Personen zur Mittelstation. Die Kabinen fuhren zwischen 9 Uhr und 15.15 Uhr im 15-Minuten-Takt.

a) Wie viele Personen waren durchschnittlich in einer Kabine?

Antwort: Es waren im Durchschnitt 62 Personen in einer Kabine. (Anzahl der Kabinen: 26)

b) $\frac{3}{4}$ dieser Fahrgäste fuhren dann mit der oberen Kabinenbahn weiter zur Gipfelstation. Diese Bahn fuhr zwischen 9.20 Uhr und 15.00 Uhr im 10-Minuten-Takt.
Wie viele Personen waren hier durchschnittlich in einer Kabine?

Antwort: Hier waren im Durchschnitt 34 Personen in einer Kabine. (Anzahl der Kabinen: 35)

c) $\frac{1}{6}$ der Personen, die zur Gipfelstation gefahren waren, lief auf dem Blumenweg zurück zur Mittelstation, $\frac{1}{8}$ der Fahrgäste ging von der Gipfelstation aus weiter zur Kanzelwand und $\frac{1}{10}$ der Fahrgäste wanderte zum Fellhorngipfel und von dort aus zum Söllereck. Alle anderen Personen fuhren mit der oberen Kabinenbahn wieder zurück zur Mittelstation.
Wie viele Personen waren das?

Antwort: 730 Personen fuhren zurück zur Mittelstation.

① **Beim Zeichnen dieser Schrägbilder sind Fehler passiert.**

Ein Eckpunkt wurde bei jedem Körper falsch gesetzt.
Kreise die falschen Eckpunkte ein. Zeichne richtig.

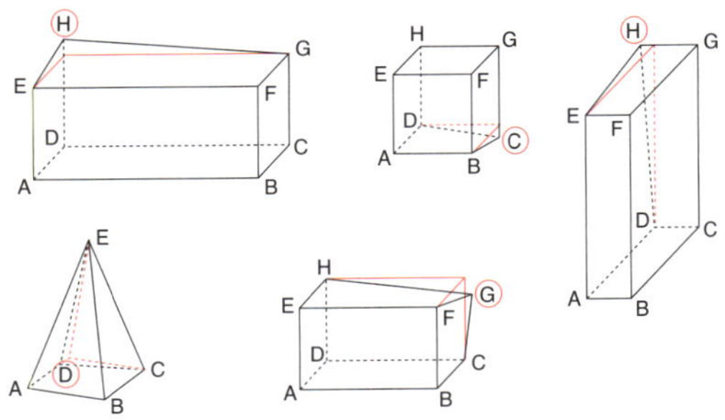

② **Dieser Quader wurde aus kleinen Würfeln zusammengebaut.**

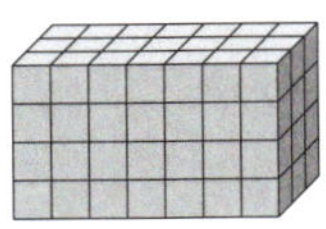

a) Wie viele Würfel wurden dafür benötigt? 84

b) Von wie vielen Würfeln siehst du an diesem Quader

drei Flächen, 8

zwei Flächen, 32

eine Fläche 34

oder überhaupt keine Fläche? 10

Ich schau mir immer wieder den Quader von allen Seiten an.

c) Der Quader soll wieder in einzelne Würfel zerlegt werden.
Wie viele Schnitte sind dazu mindestens nötig? 11

Das Geheimnis des Sternenhimmels
Auflösung Sternenbild: Hase

3 a) Der Boden und die Wände des Schwimmbeckens sind gefliest.
Wie viele m^2 Fliesen wurden hier verbaut?

Antwort: Es wurden ______ m^2 Fliesen verbaut.

b) Wenn man das Schwimmbecken als Quader betrachtet, gibt dann die Lösung von 3 a) die Größe der gesamten Oberfläche an? Begründe.

____

4 Andreas und Erik messen ein anderes Schwimmbecken aus.
Hier sind ihre Maße: Länge: 1 000 cm, Breite: 80 dm, Wassertiefe: 1 200 mm

a) Rechne alle Maße in m um.

Länge: ______________

Breite: ______________

Wassertiefe: ______________

b) Wie viele m^3 Wasser sind in diesem Becken?

Antwort: Es sind ______ m^3 Wasser im Becken.

5 Wie viele l Heizöl benötigt man, um das Wasser beider Becken bei einer Neubefüllung auf Badetemperatur zu erwärmen? Rechne mit etwa 2 l Heizöl pro m^3 Badewasser.

Antwort: Man benötigt ______ l Heizöl.

Denke daran:
Es gibt **sechs** mögliche Ergebnisse. **Ein** Ergebnis ist die Zahl 5. Die Wahrscheinlichkeit, eine 5 zu würfeln ist also $\frac{1}{6}$.

1 Susi würfelt mit einem Würfel.

a) Wie groß ist die Wahrscheinlichkeit, ...

- die Zahl 5 zu würfeln? $\frac{1}{6}$ ______
- eine ungerade Zahl zu würfeln? ______
- eine gerade Zahl größer als 2 zu würfeln? ______
- dass Susi eine Zahl würfelt, die durch 3 teilbar ist? ______
- eine Zahl kleiner als 6 zu würfeln? ______
- eine Zahl zu würfeln, die durch 2 teilbar ist? ______
- eine ungerade Zahl kleiner als 4 zu würfeln? ______
- eine ungerade Zahl größer als 3 zu würfeln? ______
- dass Susi eine Zahl würfelt, die größer als 6 ist? ______

b) Unterstreiche: Was ist wahrscheinlicher?

- eine gerade Zahl größer als 2 **oder**
  eine gerade Zahl kleiner als 4 zu würfeln
- eine durch 3 teilbare Zahl **oder**
  eine durch 6 teilbare Zahl zu würfeln
- die Zahl 6 **oder**
  eine gerade Zahl zu würfeln
- eine ungerade Zahl größer als 4 **oder**
  eine ungerade Zahl kleiner als 5 zu würfeln
- eine gerade Zahl kleiner als 4 **oder**
  eine ungerade Zahl größer als 2 zu würfeln

(2) Ein Glücksrad hat 12 gleich große Sektoren. Berechne die Wahrscheinlichkeiten.

Wie hoch ist die Wahrscheinlichkeit, dass der Pfeil ...

- auf eine durch 3 teilbare Zahl zeigt? ________
- auf eine gerade Zahl zeigt? ________
- auf eine durch 4 teilbare Zahl zeigt? ________
- auf eine ungerade Zahl zeigt? ________
- auf eine Zahl zeigt, die nicht durch 6 teilbar ist? ________
- auf eine Zahl größer als 5 zeigt? ________
- auf eine Zahl kleiner als 10 zeigt? ________

3 Auf diesem Glücksrad fehlen die Zahlen. Wähle die Zahlen so, dass die Aussagen stimmen.

Manche Zahlen kommen mehrmals vor.

Die Wahrscheinlichkeit, dass der Pfeil ...

- auf eine durch 5 teilbare Zahl zeigt, ist $\frac{7}{7}$.
- auf eine Zahl kleiner als 5 oder größer als 20 zeigt, ist 0.
- auf die Zahl 5 zeigt, ist $\frac{1}{7}$.
- auf eine gerade Zahl zeigt, ist genauso groß wie die Wahrscheinlichkeit, dass der Pfeil auf eine durch 3 teilbare Zahl zeigt.
- auf ein Vielfaches von 4 zeigt, ist $\frac{2}{7}$.

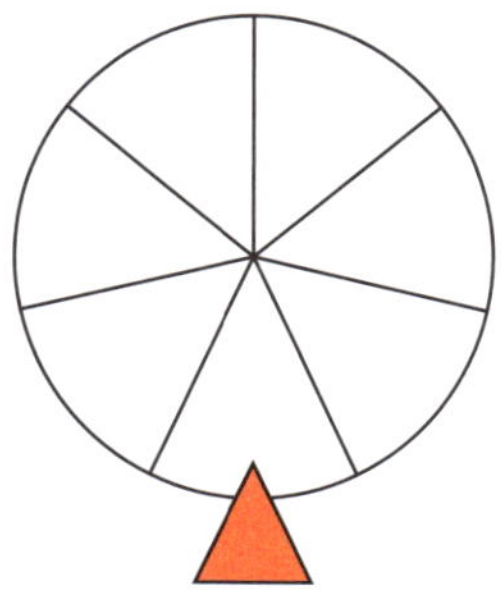

Die Saftfabrik Birnstiel hat einen neuen Edelstahltank in Form eines Quaders:

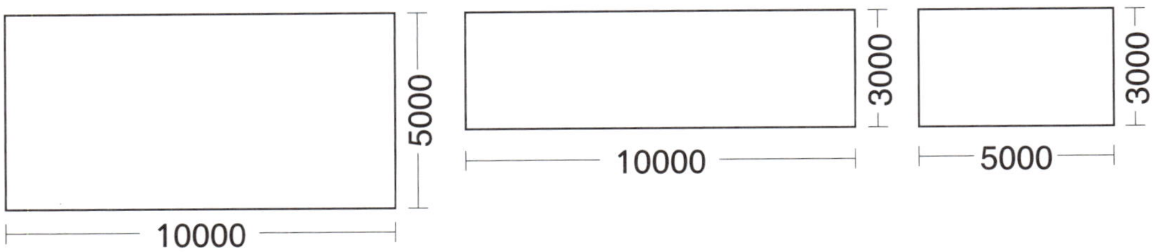

Grundriss | Vorderansicht | Seitenansicht

(alle Maße in mm)

(1) Berechne das Volumen in m^3 und in l.

Länge: 1 0 0 0 0 m m = | V_{Qu} =

Breite: | V =

Höhe: | V =

Antwort: Der Tankinhalt beträgt ______ m^3. Das sind ______ l.

(2) Firma Birnstiel füllt ihre Getränke in $\frac{1}{2}$-l- oder in $\frac{3}{4}$-l-Flaschen ab.
Wie viele $\frac{1}{2}$-l-Flaschen ($\frac{3}{4}$-l-Flaschen) können mit dem Tankinhalt gefüllt werden?

Antwort: Man kann ______ $\frac{1}{2}$-l-Flaschen oder ______ $\frac{3}{4}$-l-Flaschen füllen.

(3) Zeichne ein Schrägbild des Tanks im Maßstab 1 : 200.

Denke daran: Linien „nach hinten" zeichnest du im 45°-Winkel und mit halber Länge.

(4) Wie viele m^2 Blech wurden für den Tank verbaut?

$O = 2 \cdot a \cdot b + 2 \cdot$ ______ $+ 2 \cdot$ ______

$O =$

$O =$

Antwort: Es wurden ______ m^2 Blech verbaut.

(5) Wie schwer ist der leere Tank, wenn ein Quadratmeter Edelstahlblech (5 mm dick) etwa 40 kg wiegt?

Antwort: Das Leergewicht beträgt ______ kg.

(6) Angenommen, der Tank sollte bei gleicher Grundfläche 280 m^3 Volumen besitzen, wie hoch müsste er sein?

Antwort: Der Tank müsste dann ______ m hoch sein.

Auf der Baustelle

Male Helme und Kleidung in den richtigen Farben an und ergänze die Namen der Arbeiter und ihrer Firma.

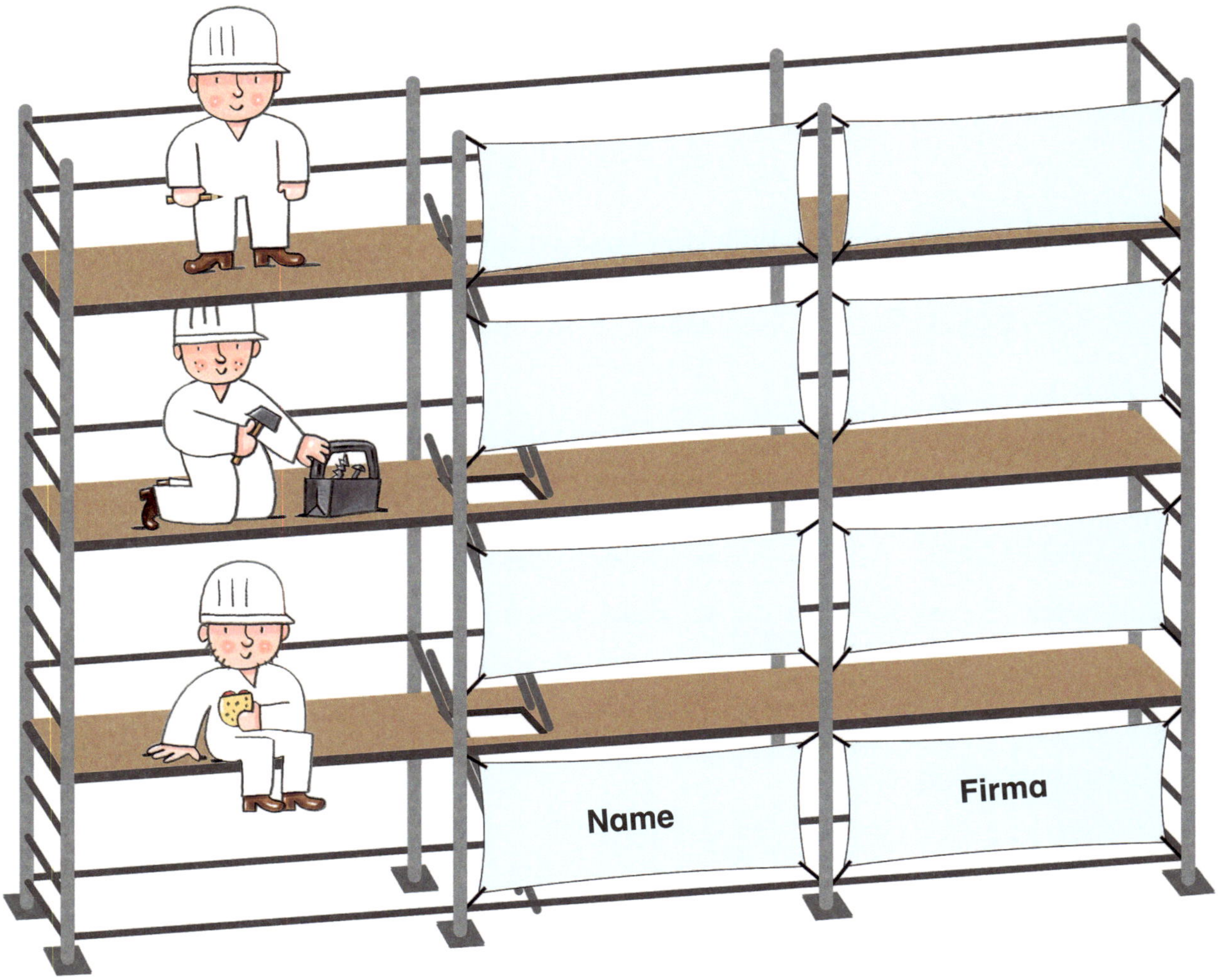

- Anton arbeitet nicht für Maler Maier. Er trägt keinen grauen Helm, aber weiße Kleidung.
- Bernd arbeitet nicht für Baugeschäft Bauer, ist nicht der unterste und trägt nicht die grüne Kleidung.
- Chris trägt nicht die blaue Kleidung. Er arbeitet direkt über Anton und ist bei Elektro-Engel beschäftigt.
- Der Arbeiter mit dem roten Helm ist direkt über dem mit dem gelben Helm.

Mein Tipp:
Beginne immer mit einem kleinen Quadrat, das nur wenige Lücken hat.

So geht es:
In jedem der neun Quadrate müssen alle Zahlen von 1 bis 9 einmal stehen. In jeder ganzen Zeile und in jeder Spalte darf jede Zahl von 1 bis 9 jeweils nur einmal erscheinen.
Arbeite mit Bleistift!

7			4	9			8	
	3		1			4		9
8	4		6		3	2		5
	9		8	2		1	3	
1		3		6	7	5		
	6	5		4	1		9	8
5		8	2		6	9	4	
		6			4		5	
	7				9	8		2

5	4		9	2			6	3
		3			7	8		
8		9	6			4		2
1				3			2	4
7		4			2	6		8
	2		8	9		5	7	
4		7	2		1	3	9	
9				6	5	1		
	1	8		7			4	5

7		3		2	1	8	4	
		8	3		4	7		
	5	4		7		6		3
3			2	9		4	5	
	9		1		7		6	
2		6		4	5	9		
	7	2		1	3	5		4
6		1	7		9		8	2
	3				2	1	7	

3	8		2		9	5		
9		5		3			2	6
	2				6		9	
	5		8	9		6	4	
8		7		2				5
	4	2		5	1		7	
	1	8	9		3		5	
7	3			8		2		
		4			2		8	9

4	5				2	8		7
	2			6				
1			5			6		
	8		3	4		7	5	
3			6		5			2
	1			8	7			
		4	8		1			3
				2			6	
8		1					7	4

$1\,000\ cm^3 = 1\ l$

Sarah und Lisa haben die Backformen ihrer Mutter ausgemessen.

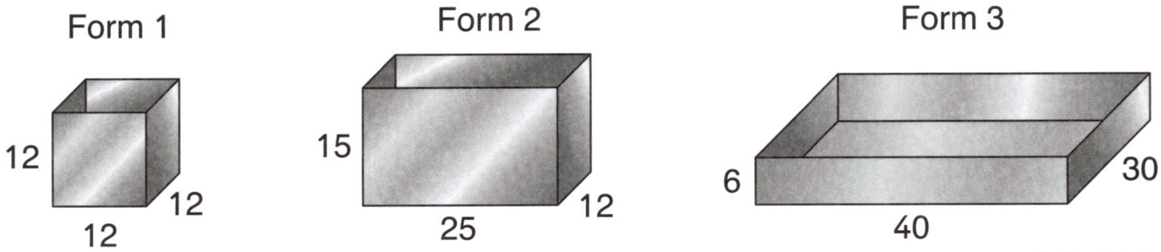

(alle Maße in cm)

① Berechne jeweils das Volumen der Formen in cm^3 und in l.

Form 1:

$V = a \cdot a \cdot a$

$V =$

$V = \quad cm^3$

$= \quad l$

Form 2:

$V = a \cdot b \cdot c$

Form 3:

$V =$

② Wie groß ist die Oberfläche eines Kuchens, der die jeweilige Form voll ausfüllt?

Form 1:

O =

Form 2:

O =

Form 3:

O =

3 a) Die Mädchen machen einen Kuchenteig, füllen damit Form 1 voll und stellen beim Backen fest, dass der Kuchen um 6 cm aus der Form hinauswächst. Berechne den Anteil des ganzen Kuchens, der nicht mehr in die Form passte.

Antwort: ___ des Kuchens schaute aus der Form heraus.

b) Wie hoch dürfte man den gleichen Teig in die 3 Formen einfüllen, damit die Kuchen beim Aufgehen zwar die Form ausfüllen, aber nicht darüber hinauswachsen?

Antwort: In Form 1 dürfen ___ cm Teig eingefüllt werden,

in Form 2 ___ cm und in Form 3 ___ cm.

(1) Der Gepard legt 400 m in 14 Sekunden zurück, das Pferd braucht für 500 m 22 Sekunden. Der Fächerfisch schafft in 32 Sekunden 1 km und der Vogel Strauß in 12 Sekunden 200 m.

a)

	Gepard	Pferd	Fächerfisch	Strauß
1 km				
500 m		22 s		
400 m	14 s			
200 m				

b) Ordne die Tiere nach der Schnelligkeit. Beginne mit dem schnellsten.

c) Usain Bolt bekam bei der Leichtathletik-WM 2013 für seinen 100-m-Lauf die Goldmedaille. Er schaffte die 100 m in 9,77 Sekunden.
Wievielmal so schnell müsste Usain Bolt ungefähr laufen, um so schnell wie das schnellste Tier zu sein?

Antwort:

(2) Im Ferienlager können die 50 Jugendlichen auswählen, was sie unternehmen wollen. 26 wandern und 35 baden. Vier Kinder bleiben im Lager und spielen Karten. Wie viele Jugendliche machen beides: wandern und baden?

Antwort:

3 Am Tag nach einer Schuldisko sollen 5 Schüler aufräumen. Sie würden dazu 2 Stunden brauchen. Zum verabredeten Termin erscheinen aber nur 4 Kinder. Wie lange werden sie nun brauchen?

Antwort: ______________________________

4 Anton hat eine Tüte Gummibären. Seiner großen Schwester gibt er ein Drittel davon, seinem kleinen Bruder gibt er nur halb so viel wie seiner Schwester. Er selbst hat am Ende 54 Gummibären übrig. Wie viele Gummibären waren in der Tüte?

Antwort: ______________________________

5 In einer Bundesligasaison wurden 80 Elfmeter von den Schiedsrichtern gegeben. Ein Achtel davon wurde von den ausführenden Fußballern verschossen. Wie viele Elfmeter landeten im Tor?

Antwort: ______________________________

6 **Zum Knobeln**

Ein Münzenwieger sagt zu seinem Sohn: „Ich habe hier 9 Münzen liegen. Eine davon ist falsch, weil sie weniger Silber enthält als die anderen und deshalb auch leichter ist. Wenn du es schaffst, die falsche Münze herauszufinden, schenke ich dir die acht echten. Du darfst aber nur zweimal wiegen!“

1 Susi spart im Monat $\frac{1}{4}$ ihres Taschengeldes.
Für Tennisstunden zahlt sie $\frac{2}{5}$ ihres Taschengeldes dazu.

a) Welcher Anteil des Taschengeldes bleibt ihr für Zeitschriften und Süßigkeiten übrig?

Antwort: ______________________________

b) Wie hoch könnte Susis Taschengeld sein, wenn sie nur ganze Euro-Beträge spart und ausgibt und die Höhe des Taschengeldes unter 30 € liegt?

Antwort: ______________________________

2 Lisa gibt von ihrem wöchentlichen Taschengeld $\frac{1}{4}$ für Zeitschriften und $\frac{5}{8}$ für ihr Handy aus. Vom Taschengeld der letzten Woche hat sie noch $\frac{1}{8}$ übrig. Den wievielten Teil des wöchentlichen Taschengeldes muss sie von Papa für die Gartenarbeit bekommen, damit sie sich einen Kinobesuch leisten kann, der die Hälfte ihres wöchentlichen Taschengeldes kostet?

Antwort: ______________________________

3 Franzi, Martin und Bernhard kaufen sich zusammen einen Fußball.
Franzi bezahlt $\frac{1}{4}$ des Preises, Martin bezahlt $\frac{1}{12}$ mehr als Franzi.
Bernhard bezahlt den Rest.

a) Welchen Anteil bezahlt Bernhard? ______________

b) Wer bezahlt am meisten? ______________

c) Berechne, wie viel € jeder bezahlt, wenn der Fußball 30 € kostet.

Antwort: ______________________________

4 Astrid Schleckermaul hat Geburtstag. Auf dem Tisch steht eine leckere Himbeertorte.

Wie viel von dem Kuchen bekommt Astrid?

Antwort: ______________________________

5 Toni hat zu seinem Geburtstag 11 Freunde eingeladen. Es gibt kalten Früchtepunsch. Das Rezept hat er aus dem Hauswirtschaftsunterricht. Schon beim Zubereiten kommt er ins Schwitzen: „So viele gemischte Zahlen …“

Mische $1\frac{1}{2}$ l Orangensaft und $1\frac{1}{4}$ l Apfelsaft mit $\frac{3}{4}$ l Johannisbeersaft. Dazu gibt man noch $\frac{1}{8}$ l Birnensaft und $\frac{1}{4}$ l Maracujasaft. Fülle das Ganze mit $2\frac{1}{8}$ l Früchtetee auf.

a) Wie viele Liter Punsch erhält Toni mit diesem Rezept?

Antwort: ______________________________

b) Wie viele Liter Punsch kann jeder trinken?

Antwort: ______________________________

1 Eine Familie hat im letzten Monat 1 800 € ausgegeben. Für Lebensmittel und das Auto gab sie zusammen so viel aus wie für die Wohnung (Miete, Heizung, Strom). Die sonstigen Ausgaben betrugen 400 €.
Wie hoch waren die Ausgaben für die Wohnung?

Ausgaben für

Wohnung: ______

Auto/Lebensmittel: ______

Sonstiges: ______

Antwort: ______________________________

2 Thomas gab im letzten Monat von seinen 25 € Taschengeld doppelt so viel für Musik aus wie für Kinobesuche. Für sonstige Ausgaben blieben ihm 7 €.
Wie viel gab er jeweils für Kino und Musik aus?

Ausgaben für

Kino: ______

Musik: ______

Sonstiges: ______

Antwort: ______________________________

3 Die Reparatur einer Waschmaschine kostete 175 €.
Die Ersatzteile waren viermal so teuer wie die Anfahrt.
Die Lohnkosten betrugen die Hälfte der Ersatzteilkosten.
Wie teuer waren die einzelnen Posten?

Kosten für

Anfahrt: ______

Ersatzteile: ______

Lohn: ______

Antwort: ______________________________

____

Setze die Muster fort.

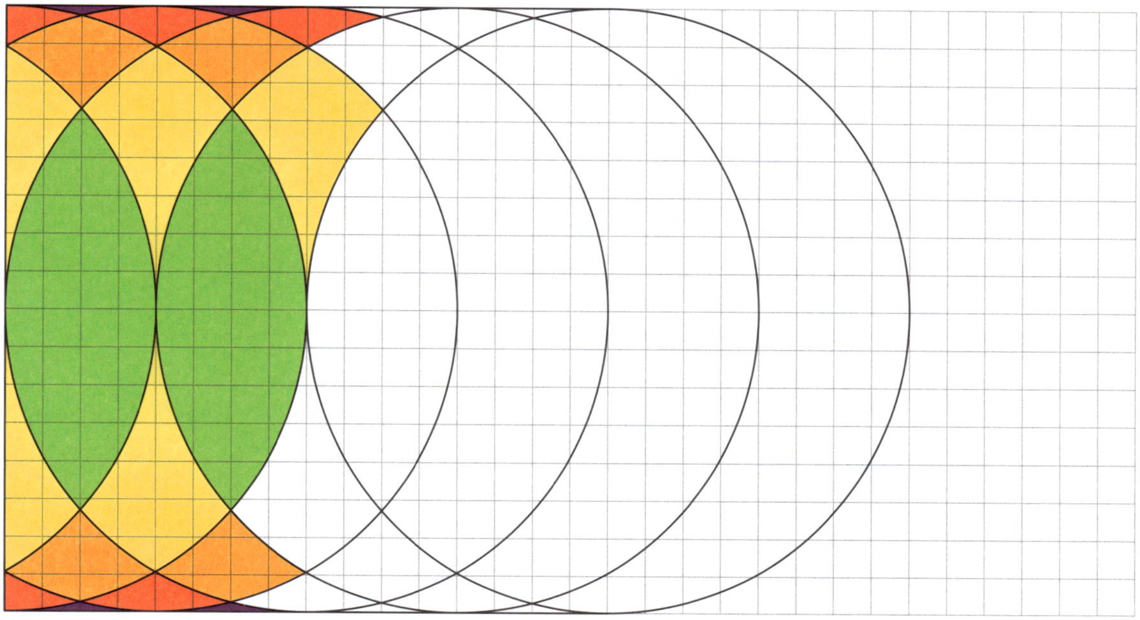

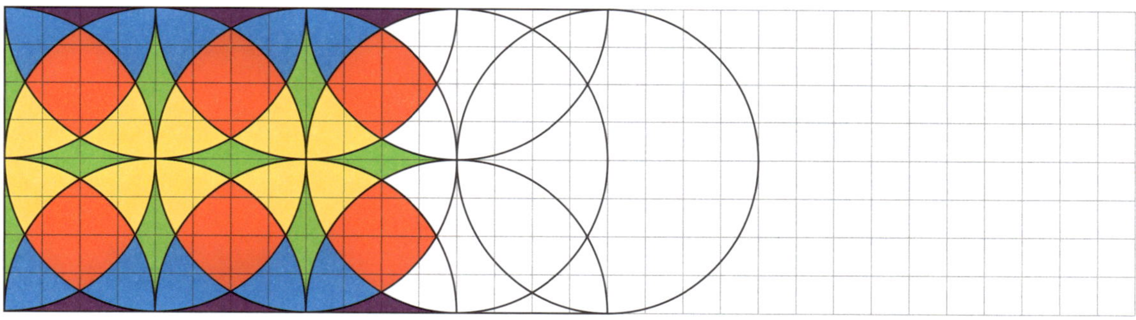

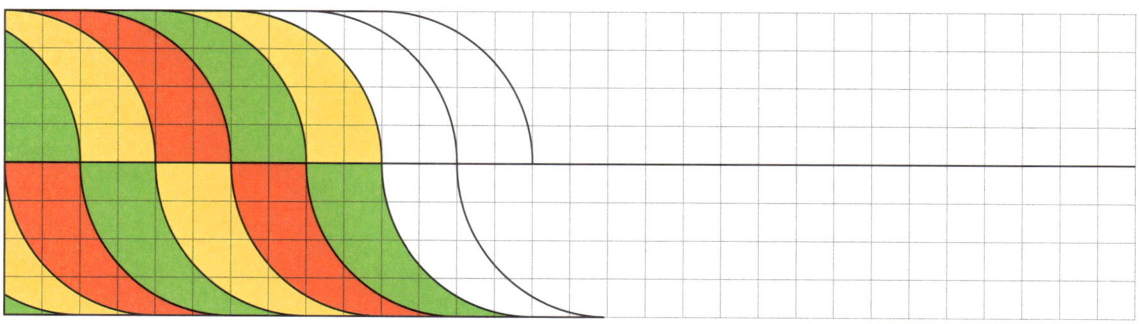

1 **Uli zieht mit verbundenen Augen eine Kugel.**

Wie groß ist die Wahrscheinlichkeit, dass ...

- eine rote Kugel gezogen wird? ______
- eine gelbe Kugel gezogen wird? ______
- eine grüne Kugel gezogen wird? ______
- eine blaue Kugel gezogen wird? ______

2 **In einem Gefäß liegen insgesamt 20 Kugeln.**

a) Wie viele Kugeln in der Schale müssen rot sein, damit die Wahrscheinlichkeit, eine rote Kugel zu ziehen, $\frac{3}{5}$ beträgt? Färbe.

b) Wie viele Kugeln müssen gelb sein, damit die Wahrscheinlichkeit, eine gelbe Kugel zu ziehen, $\frac{1}{4}$ beträgt? Färbe.

c) Die restlichen Kugeln sind blau.
Mit welcher Wahrscheinlichkeit wird eine blaue Kugel gezogen?

Antwort: ______________________________

____

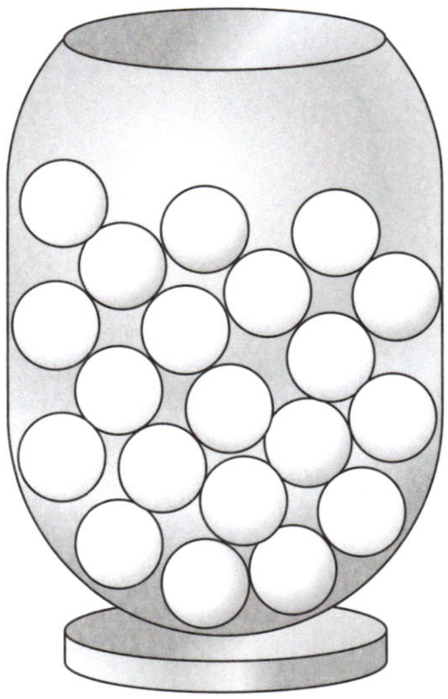

Knobelaufgaben (2)

1 In einem Terrarium befinden sich Spinnen und Heuschrecken.
Wie viele sind es jeweils, wenn man 18 Köpfe und 122 Beine zählt?

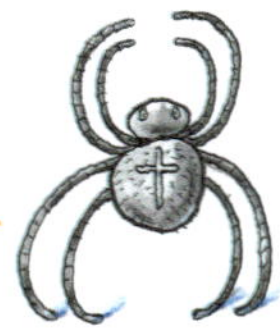

Antwort: ______________________________

2 Opa sagt: „Wäre ich halb so alt, so wäre ich 5 Jahre jünger als dein Vater, der 36 ist.“ Wie alt ist Opa?

Antwort: ______________________________

3 Beim Schulausflug müssen alle Kinder beim Überqueren einer Brücke hintereinander gehen. Uli geht an 7. Stelle. Hinter ihm gehen dreimal so viele Kinder wie vor ihm.
Wie viele Kinder sind auf der Brücke?

Antwort: ______________________________

4 An der Kinokasse hat sich eine Menschenschlange gebildet. Anna zählt einschließlich sich selbst 73 Leute. Es stehen doppelt so viele vor ihr wie hinter ihr. An welcher Stelle steht Anna?

Antwort: ______________________________

5 Carina kauft Zeitschriften für 6,60 €. Sie bezahlt mit vier der abgebildeten Münzarten und legt jeweils die gleiche Anzahl davon auf den Kassentisch.
Wie viele nimmt sie von welchen Münzarten?

Antwort: ______________________________

1 a) Aus einem Wasserhahn laufen in 1 Minute 10 Liter Wasser. Ergänze die Wertetabelle.

Zeit (min)	1	2	4	6
Liter	10			

Trage die Wertepaare in das Gitternetz ein und verbinde sie mit blauer Farbe.

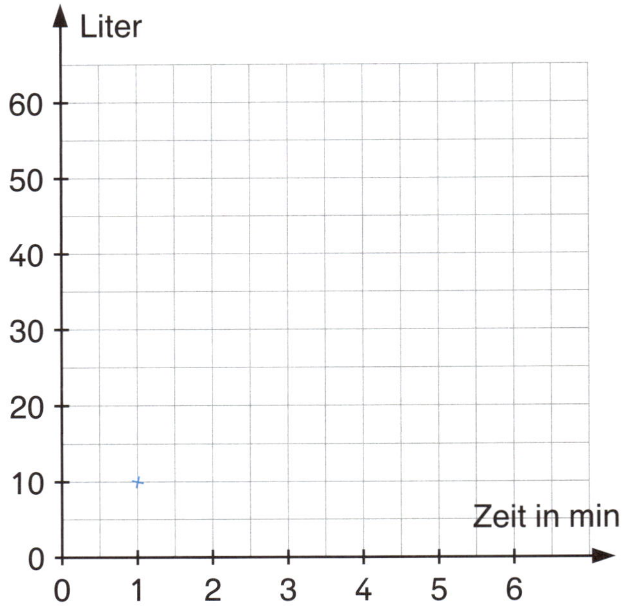

b) Ergänze folgende Sätze. Lies dazu die entsprechenden Werte aus dem Diagramm ab.

- Ein Fass mit 25 l Inhalt ist nach ______ Minuten voll.
- Nach 3 Minuten sind ______ Liter Wasser ausgelaufen.
- In $4\frac{1}{2}$ Minuten laufen ______ Liter aus.

c) Ergänze die Wertetabelle für einen anderen Wasserhahn, aus dem in 2 Minuten 10 Liter auslaufen. Trage die Wertepaare in das Gitternetz ein und verbinde sie mit grüner Farbe.

Zeit (min)	1	2	4	6
Liter		10		

d) Ergänze folgende Sätze. Lies dazu die entsprechenden Werte aus dem Diagramm ab (grüne Linie).

- Ein Fass mit 25 l Inhalt ist nach ______ Minuten voll.
- Nach 3 Minuten sind ______ Liter Wasser ausgelaufen.
- In $4\frac{1}{2}$ Minuten laufen ______ Liter aus.

2 Herr Bauer tankt 50 l Diesel und bezahlt dafür 75 €.

a) Ergänze die Wertetabelle und zeichne ins Gitternetz.

Liter	50	10	40
Preis (€)	75		

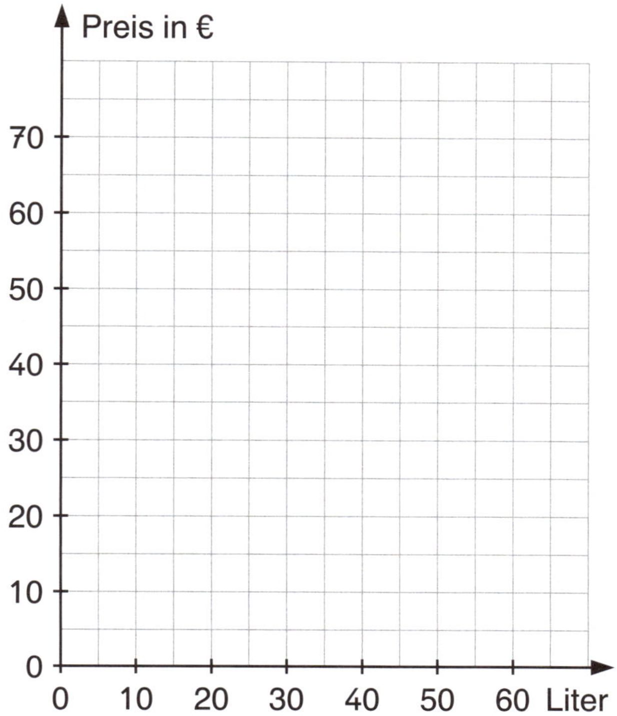

b) Lies aus dem Diagramm ab, wie viel 20 l, 30 l, 35 l kosten.

20 l kosten ________ €

30 l kosten ________ €

35 l kosten ________ €

Aus dem Diagramm kannst du nur für Zehnerzahlen genaue Ergebnisse ablesen. Willst du andere Werte ermitteln, musst du sie berechnen.

Wenn	50 Liter	75 € kosten,	
dann kostet	1 Liter	75 € : 50 =	________ €
und	x Liter	kosten x ·	________ €

: 50	50 l	75 €	: 50
· x	1 l	€	· x
	x l	€	

c) 26 l kosten ____________________

44 l kosten ____________________

35 l kosten ____________________

58 l kosten ____________________

3 Frau Jung kaufte auf dem Wochenmarkt 6 kg Äpfel und bezahlte dafür 9,60 €.
Frau Klein kaufte 5 kg Äpfel beim gleichen Händler.
Wie viel musste sie bezahlen?

Antwort: ____

1 In der Schulküche werden Semmelknödel für die Ganztagesklassen zubereitet. Das Rezept ist für 4 Personen.
Welche Menge benötigt man von den jeweiligen Zutaten, wenn für 48 Schüler gekocht wird?

Semmelknödel

8	Semmeln
375 ml	Milch
20 g	Speck, geräuchert
1	kleine Zwiebel
$\frac{1}{2}$ Bund	Petersilie
4	Eier
3 g	Salz

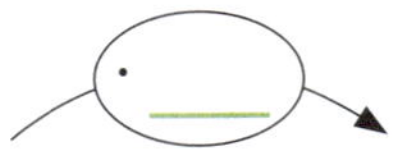

Menge für 4 Personen | Menge für 48 Personen

Semmeln:

Milch:

Speck:

Zwiebeln:

Petersilie:

Eier:

Salz:

2 Ralf, Simon und Joachim kaufen zusammen eine Spindel DVDs zum Preis von 7,50 €. Sie teilen die 25 DVDs auf: Ralf nimmt 10 DVDs, Simon 8, den Rest nimmt Joachim. Wie viel hat jeder zu bezahlen?

Antwort: ______________________

3 Auf einer Seilrolle sind 50 m Seil. Die ganze Rolle kostet 12,50 €. Wie viel kosten 12 m Seil, wie viel kosten 20 m Seil?

Antwort: ______________________

(4) Bauer Huber hält auf 30 ha Weideland 75 Kühe mit ihren Kälbern. Er will zusätzlich 12 ha Weidefläche pachten. Für wie viele Kühe mit Kälbern ist diese Weidefläche ausreichend?

Antwort: ______________________________

(5) Bauer Kolb baut auf 90 ha Ackerfläche Weizen an und erzielt einen durchschnittlichen Jahresertrag von 630 t.

a) Er beschließt, auf 35 ha keinen Weizen mehr anzubauen. Um wie viel verringert sich sein Ernteertrag?

Antwort: ______________________________

b) Statt des Weizens baut er auf dieser Fläche Mais an. Mit welcher durchschnittlichen Ernte kann er rechnen, wenn bei 50 ha Ackerland eine Maisernte von 450 t zu erwarten ist?

Antwort: ______________________________

c) Um wie viel € erhöhen/verringern sich seine Einnahmen, wenn der Marktpreis für Weizen bei 200 € pro t, der Preis für Mais bei 170 € pro t liegt?

Antwort: ______________________________

1 Jeder Stern besteht aus 12 Zahlen. Jede Zahl kommt nur einmal vor. Die **kleinste** und die **größte** Zahl sind jeweils grün.
Ergänze die Sterne so, dass die Summe der 4 Zahlen auf jeder Linie gleich ist.

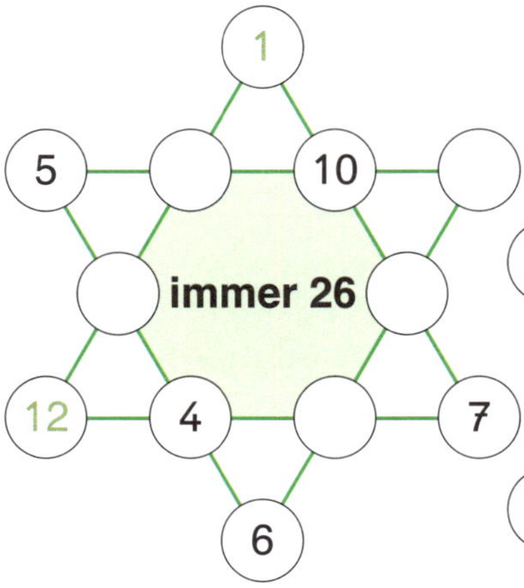

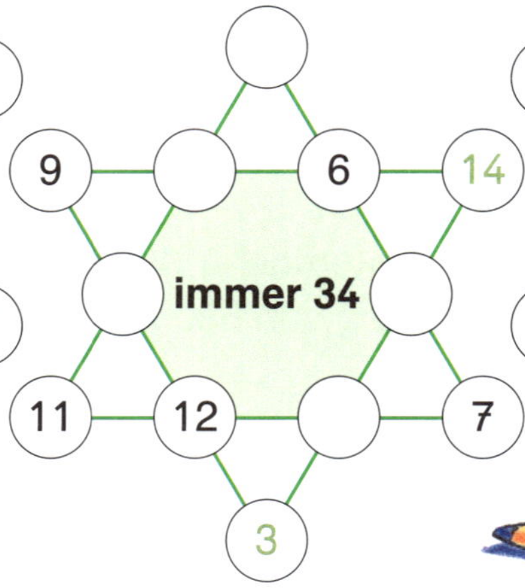

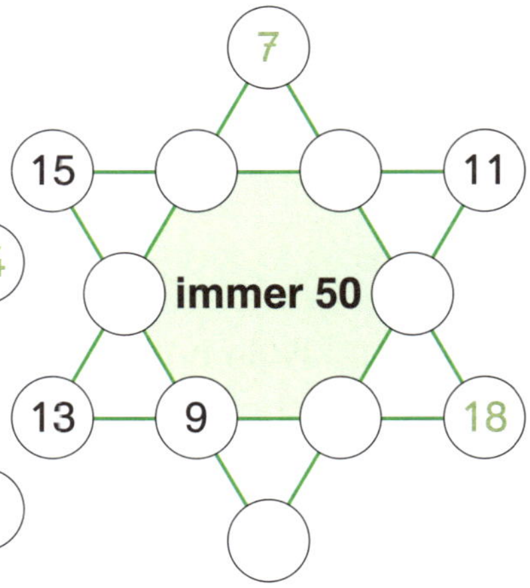

2 Jeder Stern besteht aus 14 Zahlen. Jede Zahl kommt nur einmal vor.
Die **kleinste** und die **größte** Zahl sind jeweils blau.
Ergänze die Sterne so, dass die Summe der 4 Zahlen auf jeder Linie gleich ist.

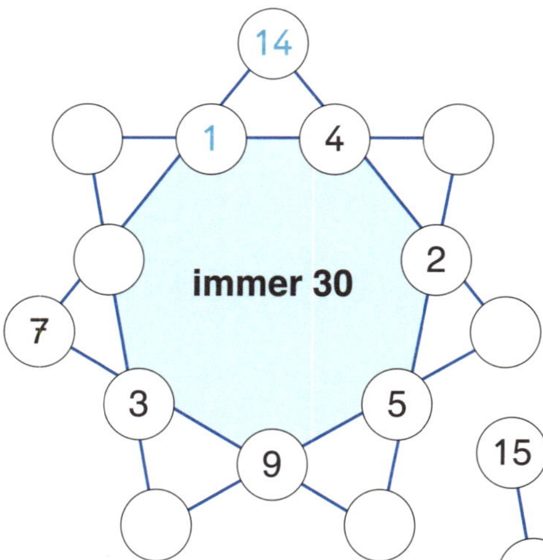

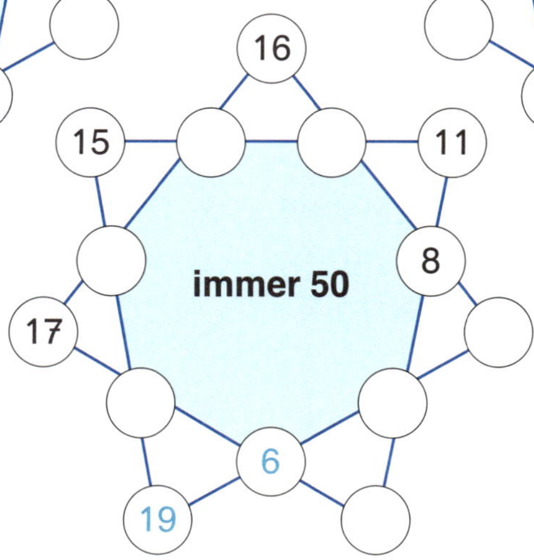

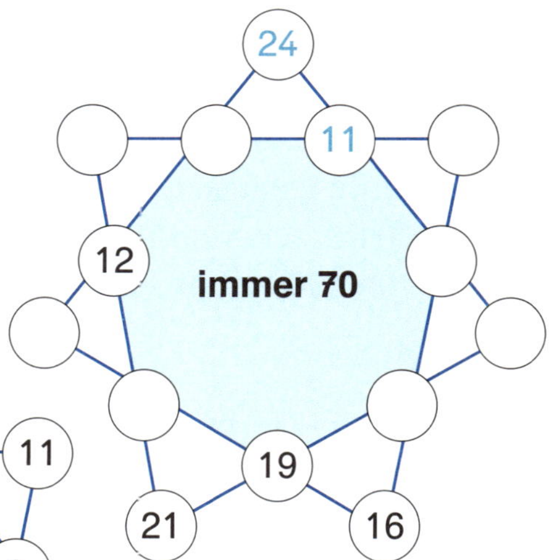

1 Bei Familie Schmid gibt es jeden Abend Streit ums Fernsehprogramm. Papa will Nachrichten sehen, Mama eine Quizsendung, Tom die Sportschau und Mimi einen Krimi.
Sie beschließen, jeden Abend mit Hilfe von drei Euro-Münzen zu entscheiden, welches Fernsehprogramm ausgewählt wird. Alle 3 Münzen werden gleichzeitig geworfen und es sollen folgende Regeln gelten:

Alle drei Münzen zeigen eine Zahl.	Sport
Nur zwei Münzen zeigen eine Zahl.	Quiz
Nur eine Münze zeigt eine Zahl.	Nachrichten
Keine Münze zeigt eine Zahl.	Krimi

a) Zeichne oder schreibe die Lösungsmöglichkeiten auf.

b) Wer ist im Vorteil? Begründe.

Ein Jahr mit Kater Mikki

1 Herr Bauer hat seinem Sohn Tom einen kleinen Kater geschenkt. Als Tom ihn bekam, wog Mikki 800 g. Nach einem Monat hatte der Kater sein Abholgewicht bereits verdoppelt.

a) Wie viel nahm Mikki durchschnittlich pro Woche zu?

Antwort: ______________________________

b) Wie viel hätte der Kater ein Jahr nach seinem Einzug gewogen, wenn er weiterhin jeden Monat sein Gewicht verdoppelt hätte?

Antwort: ______________________________

2 In Wirklichkeit wiegt der Kater nach einem Jahr aber nur 4 kg und 200 g. Er frisst täglich 3 Schalen Katzenfutter zu je 0,35 €. In einem Karton Futter sind 15 Schalen à 100 g Inhalt.

a) Wie viele Kartons Futter muss Herr Bauer für 1 Monat kaufen?

Antwort: ______________________________

b) Wie viel kostet das Futter für ein Jahr (12 Monate)?

Antwort: ______________________________

3 Obwohl Mikki auch gerne im Freien ist, benötigt er im Monat 20 l Katzenstreu. Die 10-l-Packung wiegt 3,75 kg und kostet 3,98 €.

a) Wie viel wiegt 1 l Katzenstreu?

Antwort: ______________________________

b) Wie viel kostet die Katzenstreu für ein Jahr?

Antwort: ______________________________

(4) Gleich am Anfang wurde Mikki gegen Tollwut, Katzenseuche und Katzenschnupfen geimpft. Das kostete insgesamt 30,48 €. Ferner mussten ein Kratzbaum für 49,99 €, ein Transportkorb für 21,98 € und eine Katzentoilette für 10,95 € angeschafft werden.
Wie hoch waren die Ausgaben für Impfung und Katzenausstattung insgesamt?

Antwort: ______________________________

(5) Familie Bauer fuhr im Sommer für 2 Wochen in den Urlaub. Der Kater musste in eine Katzenpension, weil auch die Nachbarn in den Ferien unterwegs waren. Für 14 Tage mussten dafür 154 € bezahlt werden.
Wie viel kostete die Katzenpension pro Tag?

Antwort: ______________________________

(6) Toms Freundin Emilie möchte auch eine Katze. Sie müsste dann aber jeden Monat ein Sechstel der Ausgaben für ihre Katze von ihrem Taschengeld bezahlen. Kratzbaum, Transportkorb und Katzentoilette könnte sie von Oma bekommen. Sie würde im Urlaub auch auf die Katze aufpassen.
Wie viel müsste Emilie jeden Monat durchschnittlich bezahlen?

Antwort: ______________________________

1. Der Berliner Fernsehturm ist mit 368 m das höchste Bauwerk in Deutschland. Der Kölner Dom ist 4 m niedriger als das Ulmer Münster. Beide Türme zusammen sind 50 m niedriger als der Berliner Fernsehturm. Wie hoch sind die beiden Kirchtürme?

Fernsehturm: ______

Kölner Dom: ______

Ulmer Münster: ______

Antwort: ______

2. Der längste Eisenbahntunnel in den Alpen (Lötschberg-Basistunnel) ist 3 km länger als der Tunnel der U-Bahn-Linie 7 in Berlin. Zusammen sind sie so lang wie der längste Eisenbahntunnel der Welt, der Guangzhou U-Bahn-Tunnel in China. Alle 3 Tunnel zusammen sind 134 km lang. Wie lang ist jeder Tunnel?

Lötschberg: ______

U 7 Berlin: ______

Guangzhou: ______

Antwort: ______

______

3. Ein Autotransporter wiegt leer 10 t, beladen 20 400 kg. Er ist mit 5 Kombis und 3 Kleinwagen beladen. Ein Kombi ist doppelt so schwer wie ein Kleinwagen. Wie schwer sind die einzelnen Fahrzeuge?

Kombi: ______

Kleinwagen: ______

Antwort: ______

(4) Die erste Brücke über die Donau bei Donaueschingen und die letzte Brücke in Rumänien vor der Mündung ins Schwarze Meer sind zusammen 1 600 m lang. Die letzte Brücke ist 15-mal so lang wie die erste. Wie lang sind beide Brücken?

Donau-Brücke in Donaueschingen: ______ m in Rumänien: ______ m

(5) Die Bay Bridge in San Francisco ist 5 081 m kürzer als die Storebælts-Brücke in Dänemark. Die Rheinbrücke in Emmerich ist 7 517 m kürzer als die Bay Bridge. Zusammen haben alle drei Brücken eine Länge von 22 524 m. Wie lang sind die einzelnen Brücken?

Bay Bridge: ______ m Storebælts-Brücke: ______ m Rheinbrücke: ______

(6) Die größte Schrägseilbrücke der Welt steht in Südfrankreich (Millau). Einer der beiden höchsten Pfeiler der Brücke ist 11 m höher, der andere 4 m niedriger als der Eiffelturm in Paris. Übereinandergestellt wären die beiden Pfeiler 655 m hoch. Wie hoch ist der Eiffelturm?

Antwort: ______________________________

Die Schülerzeitung einer Realschule führte in den 5. und 6. Klassen eine Umfrage bezüglich der Lieblingsfächer durch.

Ergebnisse der 5. Klassen
(60 Schülerinnen und Schüler):

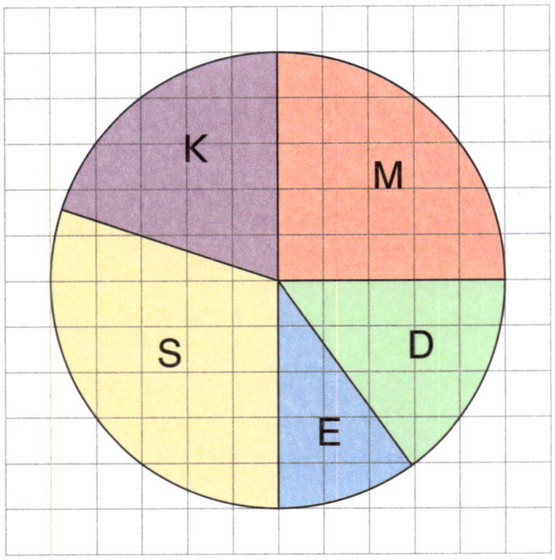

Lieblingsfach	absolute Häufigkeit	relative Häufigkeit
Mathematik		
Deutsch	9	$\frac{9}{60} =$
Englisch		
Sport	18	
Kunst		
Summe	60	

Ergebnisse der 6. Klassen
(48 Schülerinnen und Schüler):

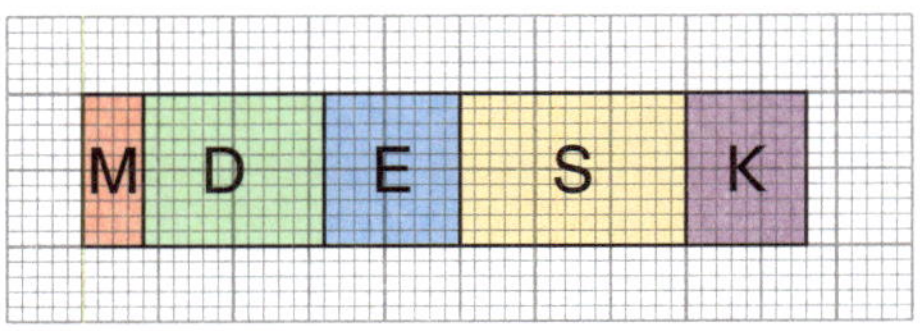

Lieblingsfach	absolute Häufigkeit	relative Häufigkeit
Mathematik	4	$\frac{4}{48} =$
Deutsch		
Englisch		
Sport		
Kunst		
Summe		

1. **Entnimm den beiden Diagrammen die Informationen zur absoluten Häufigkeit und trage sie in die Tabellen ein.**

2. **Berechne in beiden Tabellen die relative Häufigkeit der Lieblingsfächer.**

3. **Vergleiche die beiden Umfragen (relative Häufigkeit) miteinander. Kreuze an: richtig oder falsch?**

	richtig	falsch
• Sport wurde in beiden Klassenstufen jeweils am häufigsten als Lieblingsfach angegeben.	☐	☐
• Kunst ist in den 5. Klassen beliebter als in den 6. Klassen.	☐	☐
• Englisch ist in beiden Klassenstufen gleich beliebt.	☐	☐
• Mathematik ist in den 5. Klassen beliebter als Sport in den 6. Klassen.	☐	☐
• In den 6. Klassen ist Deutsch genauso beliebt wie Mathematik in den 5. Klassen.	☐	☐

4. **Welche drei Fächer zusammen sind in den 5. Klassen genauso beliebt wie Englisch und Sport in den 6. Klassen?**

Auf diesen Seiten findest du Tipps!

Seite 4/5, 18/19, 26/27

Löse die Aufgaben auf einem extra Blatt.

(1) Beim Sportfest der 5. und 6. Klassen hatte die Klasse 6 b den Getränkeverkauf übernommen. Es wurden 90 Flaschen mit je $\frac{3}{4}$ l Mineralwasser, 29 Flaschen mit je 0,7 l Zitronenwasser, 37 Flaschen mit je $\frac{1}{2}$ l Apfelschorle, 49 Becher Multivitamingetränk à 0,3 l und Eistee in 0,4-l-Bechern verkauft.
Wie viele Becher Eistee wurden verkauft, wenn insgesamt 135 l Getränke ausgegeben wurden?

Antwort: ______________________

(2) Beim Weitsprung erzielten die 72 Schüler der 6. Klassen folgende Ergebnisse:
$\frac{1}{24}$ der Schüler erzielte eine Weite von 4,35 m, $\frac{1}{12}$ sprang 4,15 m weit, $\frac{1}{9}$ schaffte 3,95 m, $\frac{1}{6}$ kam 3,80 m weit, $\frac{1}{8}$ erreichte 3,65 m, 7 Schüler sprangen 3,55 m weit, $\frac{1}{4}$ der Schüler erzielte eine Weite von 3,50 m, die restlichen Schüler hatten keinen gültigen Sprung.
Welche Weite wurde im Durchschnitt von jedem gewerteten Schüler erreicht?

Runde auf 2 Stellen hinter dem Komma.

Antwort: ______________________

(3) Beim Schulfest der Nordschule wurde bei Theateraufführungen, beim Bücherflohmarkt, beim Kuchen- und Getränkeverkauf und durch Spenden ein Gewinn von insgesamt 840 € erzielt.
Für $\frac{1}{6}$ davon sollen Tischtennisschläger und Bälle gekauft werden, für $\frac{2}{7}$ des Betrages sollen neue Gläser für die Mensa angeschafft werden, $\frac{1}{4}$ erhält die Theater-AG für neue Kostüme, $\frac{1}{8}$ bekommt die Schulgarten-AG für neue Pflanzen und Samen und mit dem Rest soll die Schülerbücherei aufgestockt werden.
Wie viel Geld steht für welche Aktion zur Verfügung?

Antwort: ______________________

____

____

____

4 Der Campingplatz am See verfügt über 480 Plätze. Am ersten Ferienwochenende sind alle Plätze belegt: $\frac{1}{4}$ mit Zelten, $\frac{1}{3}$ mit Wohnwagen, $\frac{3}{8}$ mit Wohnmobilen und die restlichen Plätze mit Dauercampern.
Wie viele Plätze sind jeweils mit Zelten, Wohnwagen, Wohnmobilen und Dauercampern belegt?

Antwort: ______________________________

____

5 An einem sonnigen Sommertag beförderte die untere Kabinenbahn am Fellhorn in Oberstdorf rund 1 600 Personen zur Mittelstation. Die Kabinen fuhren zwischen 9 Uhr und 15.15 Uhr im 15-Minuten-Takt.

a) Wie viele Personen waren durchschnittlich in einer Kabine?

Antwort: ______________________________

____

b) $\frac{3}{4}$ dieser Fahrgäste fuhren dann mit der oberen Kabinenbahn weiter zur Gipfelstation. Diese Bahn fuhr zwischen 9.20 Uhr und 15.00 Uhr im 10-Minuten-Takt.
Wie viele Personen waren hier durchschnittlich in einer Kabine?

Antwort: ______________________________

____

c) $\frac{1}{6}$ der Personen, die zur Gipfelstation gefahren waren, lief auf dem Blumenweg zurück zur Mittelstation, $\frac{1}{8}$ der Fahrgäste ging von der Gipfelstation aus weiter zur Kanzelwand und $\frac{1}{10}$ der Fahrgäste wanderte zum Fellhorngipfel und von dort aus zum Söllereck. Alle anderen Personen fuhren mit der oberen Kabinenbahn wieder zurück zur Mittelstation. Wie viele Personen waren das?

Antwort: ______________________________

____

1 Beim Zeichnen dieser Schrägbilder sind Fehler passiert.

Ein Eckpunkt wurde bei jedem Körper falsch gesetzt.
Kreise die falschen Eckpunkte ein. Zeichne richtig.

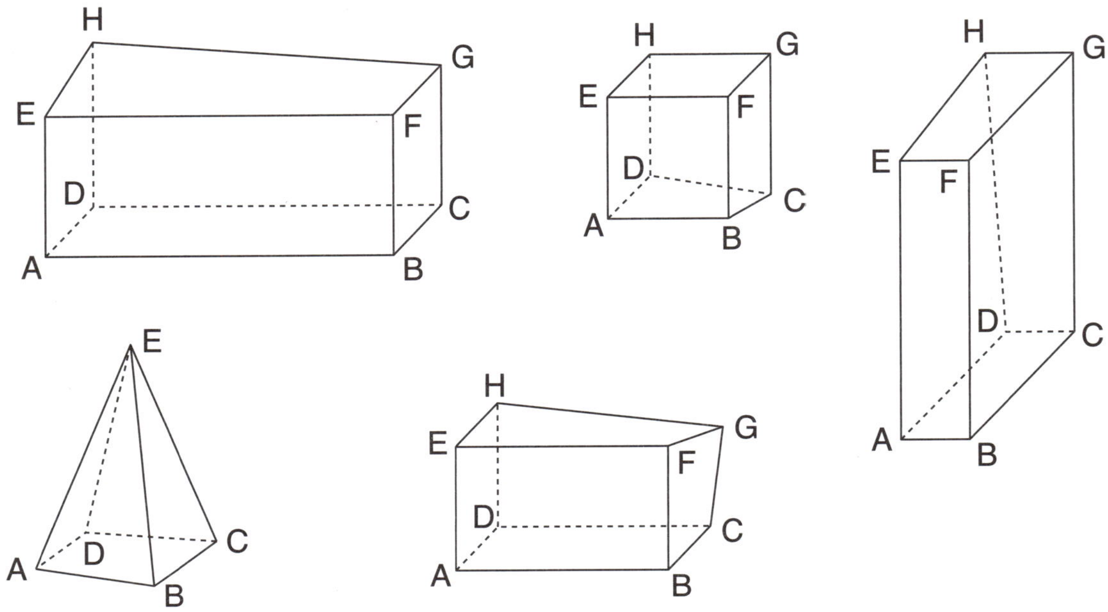

2 Dieser Quader wurde aus kleinen Würfeln zusammengebaut.

a) Wie viele Würfel wurden dafür benötigt? ____

b) Von wie vielen Würfeln siehst du an diesem Quader

drei Flächen, ____

zwei Flächen, ____

eine Fläche ____

oder überhaupt keine Fläche? ____

c) Der Quader soll wieder in einzelne Würfel zerlegt werden.

Wie viele Schnitte sind dazu mindestens nötig? ____